云计算技术实践系列丛书

OpenShift 助力 DevOps
云部署更简单

[美] Stefano Picozzi, Mike Hepburn, Noel O'Connor 著

郭志宏　杜金源　译

電子工業出版社
Publishing House of Electronics Industry
北京·BEIJING

内容简介

使用"代码即基础设施"这一理念实现软件自动化,是业界对 DevOps 的期望。

本书给开发者、架构师、运维工程师提供了富有实践价值的技术资料。阅读本书,将学习到如何使用以容器为中心的方法,帮助团队交付高质量的软件,而这些都是基于红帽的云化 PaaS 平台 OpenShift 来提供服务的。

本书作者是三位红帽的 OpenShift 专家。书中详细介绍了,如何配置容器应用,如何使用 OpenShift 的开发运维工具管理 Kubernetes 集群,如何理解和屏蔽基础设施的容器管理平台,如何帮助团队使用 OpenShift 在企业中落地 DevOps。

©2018 year of first publication of the Translation Publishing House of Electronics Industry Authorized translation of the English edition of DevOps with OpenShift ©2017 O'Reilly Media, Inc. This translation is published and sold by permission of O'Reilly Media, Inc., which owns or controls all rights to publish and sell the same.

本书简体中文版专有翻译出版权由 O'Reilly Media, Inc 授予电子工业出版社。
版权贸易合同登记号　图字:01-2019-1080

图书在版编目(CIP)数据

OpenShift 助力 DevOps:云部署更简单 /(美)斯蒂法诺·皮考兹(Stefano Picozzi)等著;郭志宏,杜金源译. —北京:电子工业出版社,2019.5
（云计算技术实践系列丛书）
书名原文:DevOps with OpenShift: Cloud Deployments Made Easy
ISBN 978-7-121-36170-8

Ⅰ. ①O… Ⅱ. ①斯… ②郭… ③杜… Ⅲ. ①软件工程 Ⅳ. ①TP311.5

中国版本图书馆 CIP 数据核字(2019)第 051035 号

策划编辑:刘志红
责任编辑:刘志红　　　特约编辑:宋兆武
印　　刷:涿州市般润文化传播有限公司
装　　订:涿州市般润文化传播有限公司
出版发行:电子工业出版社
　　　　　北京市海淀区万寿路 173 信箱　邮编　100036
开　　本:787×1 092　1/16　印张:11.25　字数:164 千字
版　　次:2019 年 5 月第 1 版
印　　次:2024 年 5 月第 5 次印刷
定　　价:79.00 元

凡所购买电子工业出版社图书有缺损问题,请向购买书店调换。若书店售缺,请与本社发行部联系,联系及邮购电话:(010) 88254888,88258888。
质量投诉请发邮件至 zlts@phei.com.cn,盗版侵权举报请发邮件至 dbqq@phei.com.cn。
本书咨询联系方式:(010) 88254479,lzhmails@phei.com.cn。

译者序

大约一年前,在帮助一个金融行业的客户构建基于 OpenShift 的 DevOps 平台时阅读了本书,受益匪浅。它不仅帮我快速地完成了工作,更加深了我对 DevOps 的理解,并感慨技术迭代的速度,OpenShift 已经从当时的 1.4 升级到现在的 3.11,功能特性也增加了不少,甚至书中涉及的文档链接也有所改变,但这都不妨碍本书的阅读。因为 DevOps 价值交付、提升团队效率的核心理念没有变,OpenShift 的一些核心概念也没有变。

本书结合 DevOps 理论和 OpenShift 基本概念,从实践出发,介绍了环境安装、部署、管道、配置管理、自定义镜像、应用管理,以及 OpenShift 如何和有名的"应用程序 12 要素"结合,帮助读者快速了解这些概念,并上手体验。

不管你是刚开始学习 OpenShift、Kubernetes,还是正在使用 OpenShift、Kubernetes 做一些 DevOps 的工作,本书都可以作为你的首选参考资料,帮助你系统、快速地学习如何使用 OpenShift 在企业中落地 DevOps。

译 者
2019 年 2 月

译者介绍

郭志宏：腾讯云容器服务产品架构师，多年 IT 行业从业经验，长期关注云计算和大数据，4 年多容器及容器云领域工作经验，曾参与了"数人云"整个产品的研发，主导了多个金融、互联网容器云产品的落地与应用迁移，了解企业级客户的痛点和真实诉求，以及他们面临的困境，希望帮助更多的企业客户在解决 DevOps 过程中面临的问题。

杜金源：北航硕士，曾在乐视、美团担任资深大数据开发工程师，在大数据离线数据仓库、实时计算、分布式系统和数据平台工具链方面有多年开发经验。目前在某著名大型互联网公司担任技术专家，从事个性化推荐算法和大数据领域的研发。

专家推荐

为了方便 DevOps 的落地和应用，红帽的企业级容器平台 OpenShift 提供了一站式云原生解决方案，此书可以作为参考书，给读者带来指引。阅读本书，读者可以收获第一手的 OpenShift 平台及 DevOps 应用方面的经验。

——肖德时　容器专家

前　言

> 假如你老去，别再试图改变自己，尝试改变环境吧。
>
> ——B. F. Skinner

DevOps 的目标之一是，解决软件领域中的"最后一公里"问题，即价值交付问题。若想实现更好的价值交付，则需要以诸如团队合作、成果反馈、大量测试等作为前提，这些行为会在以产品更优秀、交付更快捷、成本更低廉为理想目标时被强化。对许多人来说，DevOps 已经迅速转变成为自动化的代名词。这是因为自动化是一种相对可行的环境干预形式。所以，如果你想改变行为习惯，先试试改变环境吧！

在这种情况下，自动化成为一种具有重要战略意义的投资决策，DevOps 自动化工程师们面临着许多设计层面的抉择。比如，对于接口来讲，抽象到什么层次更适合自动化工具？应该以什么为标准来找到基础设施自动化和以应用程序为中心的临界点？

这些问题很重要，因为自动化工具与软件交付过程中的所有参与者息息相关，需要好的解决方式促使所有人都积极合作。而与基础设施供给解耦的自动化过程，使快速租用新的项目流程成为可能，用户在无须申请新的基础设施的情况下就能迅速地实现自助服务。

我们想把创新的过程分享给你，无论你是以一当十的"大牛"程序员，还是普通开发者，都可以尝试使用 OpenShift 来进行 DevOps 相关的工作，使自动服务成为可能。本书将展示如何做到这一点。

这是一本实用指南，它将展示如何使用 OpenShift 轻松地实现自动化云部署模式。OpenShift 容器管理平台为用户提供了一个自助服务平台，平台中的本地容器允许我们向你展示一个以应用程序为中心的视角来查看自动化过程。

谁应该读这本书

如果你渴望了解 DevOps，那么这本书就是为你准备的。它是为那些想要学习如何通过 OpenShift 来实现持续集成、交付和部署的自动化软件交付过程的程序员而设计的。

值得注意的是，针对这些问题，我们有意采用以应用程序工作负载为中心的观点。有关 OpenShift 系统整体管理与操作的内容将成为 O'Reilly OpenShift 系列的主题。

我们将逐步介绍如何开发基于容器的应用程序，这些程序可以通过管道和强大的部署模式进行简单、安全的更改。从启动 OpenShift 作为本地一体化镜像的几个简单步骤开始，我们将介绍应用程序的环境配置、持久卷声明、A/B 部署、蓝绿发布、滚动或替换部署策略的示例，还将解释和演示使用 webhook 技术进行第三方工具链集成的技术。

本书以电子书 *OpenShift for Developers* 为基础，假设你已经了解了一些与 OpenShift 开发基本概念有关的背景知识，包括：

- 开发和部署应用程序；
- 使用应用程序模板；
- 管理应用程序工作负载；
- 使用 Docker 镜像。

我们还假设你熟悉基本的 Linux 或 Windows 的 shell 命令使用，以及如何在计算机上安装一些额外的软件。这些软件将为你提供一个完整的、可用的、能本地开发与测试的OpenShift环境。

在本书中，使用了很多PHP和Node.js的应用作为示例，但是读者不必精通PHP或Node.js，你只要熟悉任何一种流行的编程语言，你都会做得很好。

我们为什么要写这本书

作为红帽的顾问，我们经常被要求帮助客户部署并广泛采用OpenShift来作为他们的容器管理平台，他们被OpenShift吸引，并将其视为提高敏捷性和响应性的推动技术。在这种情况下，可修改性成为所有非功能性需求中最重要的特性。持续的改进需要用户反馈，我们发现，对实时用户来说，推送、测试，然后前滚或回滚等一些对应用程序小的修改的能力，对于实现上述OpenShift的特性是十分重要的。在本书中，我们希望能通过使用OpenShift来实现DevOps的实践，使你能够快速地交付高质量的应用程序，并为你的用户带来不同的体验。

在线资源

在本书中，将安装一个基于OpenShift Origin的、独立的OpenShift环境。OpenShift Origin是OpenShift的上游开源版本，OpenShift Container Platform（红帽OpenShift容器平台）、OpenShift Dedicated和OpenShift Online产品也都是基于此版本的。

我们可以采用多种方式来运行独立环境。在本书中，我们将重点介绍基于OpenShift Origin来启动本地一体化集群的oc cluster up技术。其他像在OpenShift Origin网站中所描述的使用Vagrant一体化虚拟机的方式也是可行的，这些在电子书 *OpenShift for Developers* 中都有所提及，这里就不再赘述了。

OpenShift Origin将始终包含最新的特性，它由OpenShift社区来提供支持。

OpenShift的产品发布是作为OpenShift Origin项目的常规快照来发行的。OpenShift的产品一般不具有最新的功能特性，除非你订阅了红帽的商业版本，它将为你提供产品支持。

如果你想尝试 OpenShift Container Platform 版本，有几种方式可供选择。

第一种是注册一个红帽开发者账户。Red Hat Developer Program（红帽开发者项目）允许你在个人使用的前提下，在自己的计算机上访问各个版本的红帽产品。产品之一是 Red Hat Container Development Kit（红帽容器开发包），它包含了一个可以安装在你本地计算机上的 OpenShift 版本，不过这个版本是基于 OpenShift Container Platform 的，而非 OpenShift Origin。

第二种尝试 OpenShift Container Platform 版本的方式是，使用 Amazon Web Services (AWS) Test Drive program（亚马逊网络服务测试驱动程序），它将为你配置一个运行在多节点集群上的 OpenShift 环境。

在 OpenShift 文档网站上可以查阅并使用有关 OpenShift 更多、更深入的文档。

访问 OpenShift 博客，这里会定期发布一些有关 OpenShift 的文章。

如果你想了解 OpenShift 社区中的其他人是如何使用 OpenShift 的，或者希望分享自己的经验，可以加入 OpenShift 社区。

如果你有任何问题，可以通过 StackOverflow、Twitter（@openshift）或 IRC FreeNode 上的# OpenShift 频道联系到 OpenShift 团队。

版式约定

在本书中使用了以下排版约定：

斜体

表示新的术语、URL、电子邮件地址、文件名和文件扩展名。

等宽字体

表示程序清单，以及在正文中使用的程序元素（如变量或函数名）、数据库、数据类型、环境变量、语句和关键字。

等宽或等宽加粗字体

表示命令或者需要用户键入的其他文本。

这个图标表示提示或建议。

这个图标表示注释。

这个图标表示警告或注意。

使用示例代码

补充资料（代码示例、练习等）可以在 *https://github.com/devops-with-openshift* 上下载。

本书的目的是帮助你能更好地完成工作。一般来讲，如果你在程序或文档中使用本书给出的示例代码，则不必联系我们来获得代码的使用授权，除非你需要使用大量的代码。例如，在写程序的时候引用几段本书的代码不需要向我们申请许可，但要是以光盘的方式销售或重新发行 O'Reilly 书中的示例就需要获得许可；引用本书正文或示例代码来回答问题也不需要申请许可，但是如果要将本书中的大量示例代码加入你的产品文档，就需要申请许可。

我们希望但并不强求你在引用时标明出处（通常包括书名、作者、出版社及 ISBN），例如"*DevOps with OpenShift* by Stefano Picozzi, Mike Hepburn, and Noel

O'Connor (O'Reilly). Copyright 2017 Red Hat, Inc.,978-1-491-97596-1."

如果你觉得应用示例代码的场景并不属于上述列出的禁止使用范围，可以写邮件联系我们，邮箱地址是 permissions@oreilly.com。

致谢

Stefano

能写作这本书是我的荣幸！在此，我对我的家人和红帽公司表示感谢，感谢他们能让我沉浸在不被打扰的、安静的时光中完成写作。

我还要感谢许多愿意花时间来与我分享愿景与挑战的人，软件改进并非易事，所有在本书中提出的见解和建议都源于他们。

Mike

我最喜欢引用 Harry S. Truman 关于内容创作的一句话："如果你并不在乎谁能获得荣誉，那你就能取得惊人的成就。"

怀着这种谦卑之心，在此我要感谢 OpenShift 社区中所有为本书提供了想法与灵感的人。

你们很棒！

Noel

写这本书的过程充满了乐趣，我很感谢 Stefano 和 Mike 能邀请我来参与这个过程。我还要感谢我的妻子和孩子们在我写这本书时所付出的耐心与支持。

OpenShift 真正的强大之处，在于它背后的开源基金会，只有多样化的开放社区才能带来众多的观点和意见。同时也感谢红帽内部所有参与 OpenShift 开发、生产、测试和撰写文档的团队。

目　　录

第 1 章　基于 OpenShift 的 DevOps 简介 ·· 1
  DevOps ·· 1
  容器 ··· 2
  容器编排 ·· 2
  持续集成 ·· 3
  持续交付 ·· 3
  持续部署 ·· 3
  管道 ··· 4
  软件配置管理 ··· 5
  部署模式 ·· 5
  持续改进 ·· 5
  总结 ··· 6

第 2 章　OpenShift 一体化安装 ··· 7
  软件依赖 ·· 8
    安装 OpenShift 和客户端工具 ··· 9
    安装 Docker ·· 10
    启动 OpenShift ··· 11
  验证环境 ·· 14
    使用命令行登录 ·· 14

使用控制台登录 ·········· 15
　　设置存储 ·········· 17
　　　创建持久化卷 ·········· 17
　　　设置卷声明 ·········· 19
　创建 GitHub 账户 ·········· 20
　其他方式 ·········· 20
　总结 ·········· 21

第 3 章　部署 ·········· 22
　复制控制器（Replication Controller） ·········· 22
　部署策略 ·········· 23
　　滚动策略 ·········· 23
　　触发器 ·········· 25
　　重建策略 ·········· 27
　　自定义策略 ·········· 28
　　生命周期挂钩 ·········· 28
　　部署 Pod 资源 ·········· 34
　蓝绿部署 ·········· 35
　A/B 部署 ·········· 37
　灰度部署 ·········· 41
　回滚 ·········· 42
　总结 ·········· 44

第 4 章　管道（Pipeline） ·········· 45
　我们的第一个 Pipeline 例子 ·········· 45
　　Pipeline 组件 ·········· 49

探究 Pipeline 的细节 ·················· 50
　　　探索 Jenkins ························· 52
　多项目 Pipeline 示例 ···················· 54
　　　构建、标记、提交 ···················· 54
　　　创建项目 ···························· 56
　　　添加基于角色的访问控制 ·············· 57
　　　部署 Jenkins 和 Pipeline ············· 57
　　　部署示例应用 ························ 59
　　　运行 Pipeline ······················· 61
　　　快速部署一个新分支 ·················· 63
　管理镜像的变化 ·························· 64
　级联式 Pipeline ························· 66
　自定义 Jenkins ·························· 69
　并行构建任务 ···························· 72
　总结 ···································· 73

第 5 章　配置管理 ························· 74

Secret ··································· 75
　　　创建 Secret ························· 75
　　　在 Pod 中使用 Secret ················ 76
　　　额外说明 ···························· 80
ConfigMap ································ 81
　　　创建 ConfigMap ····················· 81
　　　ConfigMap 以卷的形式挂载 ··········· 82
　　　ConfigMap 以环境变量的形式挂载 ····· 83

环境变量 85
　　　　添加环境变量 85
　　　　删除环境变量 86
　　　　更改触发器 87
　　标签与注释 89
　　Downward API 90
　　处理大型配置数据集 94
　　　　持久卷 94
　　　　镜像分层 94
　　总结 96

第 6 章　构建自定义镜像

　　镜像构建 97
　　　　构建策略 97
　　　　构建源 98
　　　　构建配置 99
　　　　源码镜像 102
　　　　S2I 过程 104
　　　　自定义 S2I 脚本 105
　　自定义 S2I 构建器 105
　　　　构建器镜像 106
　　　　S2I 脚本 108
　　　　添加一个构建器镜像 109
　　　　构建一个示例应用 110
　　　　故障排查 114

总结 ·· 115

第 7 章　应用管理　116

日志集成 ·· 117

容器日志是短暂的 ·· 117

日志聚合 ·· 118

Kibana ··· 120

常用的 Kibana 查询 ·· 121

简单监控 ·· 123

资源调度 ·· 126

　配额 ·· 128

　配额范围 ·· 131

　配额执行 ·· 132

　限制范围和请求 ··· 133

　多项目配额 ··· 135

应用 ··· 136

驱逐和 Pod 重新调度 ·· 137

超卖 ··· 138

Pod 自动扩缩 ·· 138

使用 Jolokia 基于 Java 应用程序的监控和管理 ·························· 141

总结 ··· 146

后记　148

附录 A　OpenShift 和 12 要素　150

读者调查表　160

电子工业出版社编著书籍推荐表　162

第 1 章
基于 OpenShift 的 DevOps 简介

这是一本实操指南图书，介绍如何使用 OpenShift 技术来实现 DevOps。

OpenShift 将容器管理平台和本地容器自动化结合，让开发人员和运维人员以前不可能的方式聚集在一起，让软件开发和产品发布本身，可以用你喜欢的持续集成和持续发布工具链来标准化呈现。

容器化使得优化部署策略和提升服务质量成为可能，这也得益于容器管理平台和容器编排引擎的成熟，让我们开始思考容器即是代码，而不是基础设施是代码这个问题。

首先，让我们从容器的视角解释几个 DevOps 的核心概念。

DevOps

DevOps 关注如何将软件交付流程中的组成部分与价值交付的共同目标相匹配——这不仅仅涉及开发和运维，还包括信息安全和质量保证等。我们认识到，当生产系统以外的开发运维等工作产品被重视时，价值也随之产生，价值交付的成果用产品交付的速度、质量、资源浪费程度来衡量。

DevOps 更强调给团队带来行为和文化上的改变，比如鼓励团队合作，提升团队的包容性，让成员及时反馈，善于实验等，诸如自动化之类的技术干预是核心，因为技术可以促进 DevOps 的实施。

DevOps 并不一定意味着必须注重软件交付中的功能角色，因为开发、运维和质量保证其实是次要的，更重要的是，在交付团队中形成尊重专业、乐于分享的团队文化。

容器

容器是轻量级、不可变镜像的运行时环境；在镜像中解决运行时依赖，便于移植，这使得让软件发布标准化成为可能。无论底层技术堆栈是什么，都可以使用统一的容器管理和运行工具；基于容器的工作负载可以在单台计算机实例上实现多租户隔离，不仅安全，还可以提升工作效率；一个重要的推论是，启动新工作负载不会产生配置新计算基础架构的成本。这为用户提供了真正按需、自助的服务体验。

容器编排

容器编排涉及容器工作负载的生命周期管理，包括在一个计算集群上调度、停止、启动和复制等功能。抽象运行工作负载的计算资源，将主机基础结构视为单个逻辑部署的目标。Kubernetes 是一个针对容器编排的开源社区项目，它将构成应用程序的容器分组为逻辑单元，以便于管理和发现，并在其丰富的功能中提供自我修复、服务发现、负载均衡和服务存储的能力。编排在以应用程序为中心的设计目标中起着关键作用，因此服务质量属性和部署模式可以通过调用 Kubernetes API 来执行。

持续集成

持续集成涉及代码提交，多人协作，代码统一管理；这样的过程每天都会发生多次，在这个过程中，引入自动化工具来控制代码合并，暴露潜在的问题是很有必要的。共享的代码管理工具比如 Git 可以让不同的开发者协同工作，提交代码，推送远程仓库，合并代码，提交 PR 等。使用容器，可以配置 Git 推送事件，然后通过 webhooks 机制来触发构建镜像。

持续交付

当持续集成（CI）完成，就可以考虑实现持续部署（CD）。这涉及在软件生命周期内，通过自动化的步骤，将软件从一个环境升级到另一个环境。这些步骤可能包括自动化测试、冒烟测试、单元测试、功能测试、静态代码分析，以及针对已知安全漏洞的静态依赖性检查。对于容器，在软件生命周期的后期阶段，给镜像打标签，并将新的镜像推送到新环境的镜像仓库，代码将留在原位。

持续部署

通常，容器可以实现从自动连续交付到生产中的持续部署（CD）。做出区分是因为这样的部署需要额外的治理流程——例如，有意识的人为干预来管理风险和完成签核程序，如图 1-1 所示。

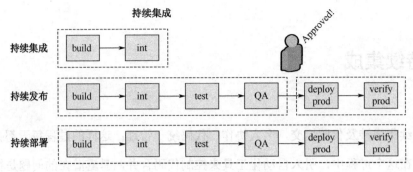

图 1-1 持续集成和持续部署

管道

管道是 CI/CD 过程中自动化的标识。通常，管道可能会在软件交付过程将分离的步骤通过可视化或高级脚本语言来呈现，以便流程化操作。这些步骤包括：构建、单元测试、验收测试、打包、文档、报告，以及部署和验证。精心设计的管道通过使软件交付过程中的参与者更容易诊断和响应反馈，帮助用户更快地提供更高质量的代码。如图 1-2 所示，通过将发布组织成更小和更频繁的发行包，可以加速诊断和响应。

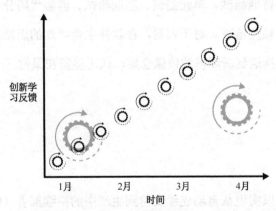

图 1-2 最小化发布，频繁部署，快速反馈

软件配置管理

为达到目的,我们采用较窄的软件配置管理(CM)视图,专注于推进软件工程的最佳实践——将动态配置与静态运行的软件分离。这样做,开发人员和运维人员就可以方便地修改配置,无须重新构建正在运行的软件,尤其是已经部署在不同环境的软件。运行基于镜像的容器时,这样的使用更加重要,因为一个部署脚本包含了多个镜像。

部署模式

部署模式,与软件交付生命周期中所有步骤的自动化目标一致。我们在这里寻找能够在云规模方案中平衡,包括安全性、可测试性、可逆性和停机时间最小化等标准的策略。一些部署模式还提供捕获和响应反馈的机会。A/B 部署允许测试用户定义的假设,例如应用程序版本 A 是否比 B 更有效。然后,使用结果可以推动替代方案的加权负载均衡。通过驱动编排 API 可以实现 DevOps 世界中部署策略的自动化。

持续改进

持续改进如图 1-3 所示,它连接了所有的改进实践。环境在变,我们也必须如此。这些实践使得实验、制定、测试假设、捕获异常、采取行动和试验所收到的反馈变得容易且成本低廉。通过这种方式,我们可以继续将能量注入系统,从而保持动态稳定的状态（自适应、敏捷与固定、稳定的平衡）。

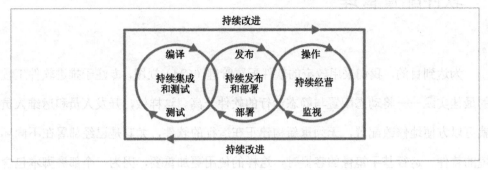

图 1-3　持续改进

总结

我们在这里介绍了一些关于 DevOps 与 OpenShift 的独特和细微之处，并说明了它为何如此重要，使用容器自动化实现 DevOps 概念可以提高云部署能力。详见后续章节。

第 2 章
OpenShift 一体化安装

OpenShift 能适应许多应用场景，它既能被部署在大型公有云平台上来提供服务，也能用于搭建企业私有云数据中心，甚至还能安装在你自己本地的机器上，使你方便地对平台工作负载进行评估、学习与测试，帮助你将其拓展到更复杂的分布式结构上。

学习 OpenShift 最简单的方式就是访问它的官网，并免费注册一个开发者账户，本书覆盖了官网中的很多示例，你可以在登录后开始学习之旅！

还有一种方式就是在你本地搭建一个一体化 OpenShift 集群，该集群功能齐全，是一个包含着主节点、计算节点和集成 Docker 镜像仓库的实例，并且同时支持上游社区项目 OpenShift Origin 和红帽 OpenShift 容器平台。上述这些特性是 OpenShift V3 所具有的，旨在让 Web 开发人员和其他相关人员在自己本地的计算机上运行集群。由于集群会通过你的本地系统被路由，所以你可以将集群视为 OpenShift 的宿主机，并且直接访问你所创建的那些 URL。

由于一体化集群是你的一个私有实例，所以你具有集群管理权限。你既可以创建任意数量的项目和本地持久化数据卷，也可以从镜像仓库中执行推送和拉取操作。下面就让我们从了解 oc cluster up 命令开始。

软件依赖

`oc cluster up` 命令将为你启动一个包含配置好的镜像仓库、路由、镜像集和默认模板的本地 OpenShift 一体化集群。默认情况下，该命令需要一个 Docker 环境，但是如果集群所在环境中安装了 Docker Machine 工具，该工具会在命令执行时为集群创建一个 Docker Machine。

`oc cluster up` 命令还将为你创建一个默认的用户和项目，一旦创建完成，你就可以在命令行中输入像 `oc new-app`、`oc new-build` 和 `oc run` 这样的命令来创建和操作应用。

最后，`oc cluster up` 命令还会打印出一个访问集群管理控制台的 URL。

让我们开始吧！我们只需要安装最新版的 OpenShift 客户端工具及 Docker，就可以启动一个本地集群实例了！

一体化集群使用 xip.io 来提供应用中 URL 的 DNS 解析服务。这样做的好处是你无须浏览器或单独配置 DNS，就能将可路由的 URL 捕获到你的本地机器中。缺点则是你必须保障网络畅通，或者面对 xip.io 可能被公司防火墙拦住的风险。验证 xip.io 可用性的方式是使用 `nslookup` 命令，并检查在"Non-authoritative answer"中是否包含一个地址：

```
$ nslookup x.127.0.0.1.xip.io
Server:         61.9.195.193
Address:        61.9.195.193#53

Non-authoritative answer:
Name:   x.127.0.0.1.xip.io
Address: 127.0.0.1
```

安装 OpenShift 和客户端工具

你可以通过命令行接口（CLI）、Web 控制台或者安装着最新版本 JBoss 工具的 Eclipse 这三种方式来使用 OpenShift 3。大多数情况下，我们都会使用被称为 oc 的 CLI 工具，它是一个独立运行的可执行程序，所以安装过程非常简单，只需从 *https://github.com/ openshift/origin/releases* 上下载最新的、稳定的、匹配你操作系统环境的版本，然后更新环境变量。

在 Linux 和 Mac OS 中，假如将下载的文件解压缩在相应的 CLI 目录下，需要使用如下命令来更新环境变量，然后对其进行验证：

```
$ export PATH=$PATH:~/cli/

$ oc version
oc v1.4.1+3f9807a
kubernetes v1.4.0+776c994
features: Basic-Auth

Server https://127.0.0.1:8443
openshift v1.4.0-rc1+b4e0954
kubernetes v1.4.0+776c994
```

OpenShift 的版本说明什么呢？oc version 命令的输出表明我们下载的是 1.4.1 版本的 OpenShift Origin 客户端工具。这意味着当我们使用 oc cluster up 命令来启动本地集群时，将拉取 1.4.1 版本的 OpenShift Origin 发行版。

对于 Windows 用户来说，更新环境变量的具体细节略有不同。如果你使用 Windows

10，右键单击左下角，弹出菜单后，单击"系统"—"高级系统设置"，最后选择"环境变量"。当打开"环境变量"对话框后，选择 Path 变量，最后添加";C:\CLI"（将"C:/CLI"替换为你解压文件的位置），你也可以将解压文件复制到 C:\Windows 或其他 Path 变量中已存在的位置，以免再配置环境变量。

安装 Docker

oc cluster up 命令可以寻找并连接到一个正在运行中的 Docker。官网中有关本地集群管理模式的文档对 Linux、Mac OS 和 Windows 环境下 Docker 的安装和配置都有所介绍，所以你可以在官网中找到对应的说明。这里提醒两点，一是记得配置不安全镜像仓库参数 172.30.0.0/16，如果你在 Mac 或者 Windows 上使用 Docker，可以从 Preferences 图形界面上配置此设置；二是如果你要使用内存密集型的用例，请为 Docker 分配更多内存。本书使用了 1.13.0 版本的 Docker，在安装完 Docker 后，需要检查 Docker 能否正常运行：

```
$ docker version
Client:
 Version:      1.13.0
 API version:  1.25
 ...

$ docker run hello-world
Unable to find image 'hello-world:latest' locally
latest: Pulling from library/hello-world
78445dd45222: Pull complete
Digest: sha256:c5515758d4c5e1e838e9cd307f6c6a0d620b5e07e6f927b07d05f6d12a1ac8d7
Status: Downloaded newer image for hello-world:latest
```

```
Hello from Docker!
This message shows that your installation appears to be working correctly.
...
```

如果在 Windows 上使用 Docker，需要 Windows 10 和 Windows Server 2016 版本。如果你正在使用更旧的版本，那需要运行部署着 OpenShift 的 Vagrant 虚拟开发工具。

启动 OpenShift

完成 Docker 和 oc 工具的安装和验证后，接下来我们准备启动 OpenShift。`oc cluster up` 命令可以接受很多参数，这里需要留意下 `host-data-dir` 和 `host-config-dir`。这两个参数可以指定存储 OpenShift 集群系统状态的位置，这能使你在同一个工作站上为不同的集群实例创建名为 "profiles" 的路径，并在之后用到它。如下所示，对于第一次调用，将$HOME 替换为你环境中的地址，将$PROFILE 替换为例如 "*DevOps With OpenShift*" 这样的名字。第一次执行需要花费好几分钟，这是因为它在下载 OpenShift 发行版。请注意服务器的 URL 信息，因为我们稍后会用到它。

```
$ oc cluster up \
   --host-data-dir='$HOME/oc/profiles/$PROFILE/data' \
   --host-config-dir='$HOME/oc/profiles/$PROFILE/config'

-- Checking OpenShift client ... OK
```

```
-- Checking Docker client ... OK
-- Checking Docker version ... OK
-- Checking for existing OpenShift container ... OK
-- Checking for openshift/origin:v1.4.1 image ...
   Pulling image openshift/origin:v1.4.1
   Pulled 1/3 layers, 41% complete
   Pulled 2/3 layers, 76% complete
   Pulled 3/3 layers, 100% complete
   Extracting
   Image pull complete
...
-- Server Information ...
   OpenShift server started.
   The server is accessible via web console at:
       https://192.168.99.100:8443

   You are logged in as:
       User:     developer
       Password: developer

   To login as administrator:
       oc login -u system:admin
```

上述有关 profile 的特性可用在本地 Docker 服务下（举例来讲：Mac 或 Windows 环境）。Docker Toolbox 的环境可以在第一次启动时使用 --create-machine 参数，它将创建一个 Docker 虚拟机驱动。

本书中，在默认情况下，oc cluster up 命令将从上游 OpenShift Origin 仓库中拉取 1.4.1 版本。假如你要使用特定的企业镜像和版本，须添加 --image 和 --version 参数。比如添加 --image= registry.access.redhat.com/openshift3/ose 和 --version=v3.4，将使用 OpenShift 容器平台 3.4 版本来启动集群。

Linux 和 Mac OS 用户可以通过一个额外的参数 –public-hostname=127.0.0.1 来确保 OpenShift 服务器的地址是 127.0.0.1:8443。Windows 用户虽然需要使用 ^ 字符来延续命令行，但仍然可以在 PowerShell 中使用等效的指令来启动。

现在让我们使用 use-existing-config 参数来重启 OpenShift 集群，它将指向已保存并命名的配置文件：

```
$ oc cluster down

$ oc cluster up \
    --host-data-dir='$HOME/oc/profiles/$PROFILE/data' \
    --host-config-dir='$HOME/oc/profiles/$PROFILE/config' \
    --use-existing-config
    ...
```

oc cluster 命令支持很多选项。有许多开源项目已经构建了方便的封装工具来简化其使用，其中就包括 Minishift 和 oc-cluster-wrapper。

验证环境

首先让我们使用 CLI 来检验是否能够登录集群，然后再通过创建应用程序来验证安装是否成功。

使用命令行登录

```
$ oc login -u developer -p developer
Login successful.


You have one project on this server: "myproject"
Using project "myproject".


$ oc project myproject
Already on project "myproject" on server "https://127.0.0.1:8443".

$oc new-app --name='cotd' --labels name='cotd' php~https://github.com/devopswith- openshift/cotd.git -e SELECTOR=cats
--> Found image 1875070 (10 days old) in image stream "openshift/php" under tag "5.6" for "php"

    Apache 2.4 with PHP 5.6
    -----------------------
    Platform for building and running PHP 5.6 applications
    Tags: builder, php, php56, rh-php56
```

* A source build using source code from https://github.com/devops-withopenshift/cotd.git will be created

　　* The resulting image will be pushed to image stream "cotd:latest"

　　* Use 'start-build' to trigger a new build

　　* This image will be deployed in deployment config "cotd"

　　* Port 8080/tcp will be load balanced by service "cotd"

　　* Other containers can access this service through the hostname "cotd"

--> Creating resources with label name=cotd ...
　imagestream "cotd" created
　buildconfig "cotd" created
　deploymentconfig "cotd" created
　service "cotd" created
--> Success
　Build scheduled, use 'oc logs -f bc/cotd' to track its progress.
　Run 'oc status' to view your app.

$ oc expose service cotd
route "cotd" exposed

安装了Docker的Windows用户应该在PowerShell中调用cluster up 和 cluster down 命令。接下来的一些示例会使用 Linux/Bash 风格的命令行操作，Windows 用户可以使用 Windows Bash 或其他等效命令来实现同样的操作。

使用控制台登录

我们可以使用启动时输出显示的 OpenShift 服务器控制台 URL

（*https://127.0.01.8443/console/*）来访问控制台。登录时，用户名和密码都使用"developer"，然后访问"My Project"来查看你刚刚使用的 CLI 来创建应用程序（图 2-1）。

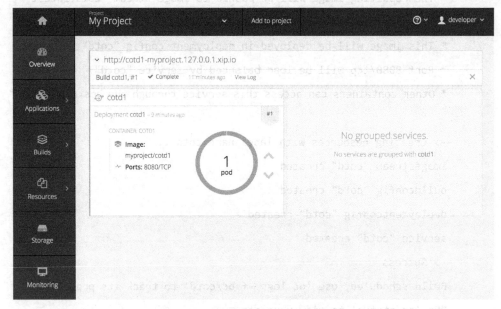

图 2-1　My Project 项目下的 cotd 应用

单击控制台中显示的链接，比如 *http://cotd-myproject.127.0.0.1.xip.io*。如果运行正常，你应该得到像图 2-2 一样显示的结果。

当你在运行新建的一体化集群时，为何不检测下配置文件所起的作用呢？你只需要像如下这样做。关闭已启动的集群并使用一个新的配置文件名字来重启集群，然后切换不同的配置文件以检验它们都是如何保存系统状态的。每个配置文件中的系统设置都是根据你在启动集群时的 `--host-data-dir` 和 `--host-config-dir` 这两个参数来指定的。

图 2-2 猫

设置存储

在某些实验中,你可能希望在本地集群运行的容器实例中挂载存储。这样做适用于通过本地 Docker 服务来启动集群(并未使用 --create machine 这个参数)的用户,若用户恰好也在使用 oc CLI,可以参照如下步骤:

1. 创建一个持久化卷(pv)。
2. 设置卷声明,并指定到一个部署配置上。

创建持久化卷

要创建持久化卷(pv),你需要以集群管理员用户角色登录,并使用如下指令。

注意：要根据你的环境来替换$VOLUMENAME、$VOLUMESIZE 和$VOLUMEPATH 变量。例如，将上述三个变量分别设置为 myvolume、1Gi 和/tmp/myvolume（更加详细的配置项说明可以参阅官网文档）：

```
$ oc login -u system:admin

$ oc create -f - << EOF!
apiVersion: v1
kind: PersistentVolume
metadata:
  name: $VOLUMENAME
spec:
  capacity:
  storage: $VOLUMESIZE
  accessModes:
  - ReadWriteOnce
  - ReadWriteMany
  persistentVolumeReclaimPolicy: Recycle
  hostPath:
  path: $VOLUMEPATH
EOF!
persistentvolume "myvolume" created
```

卷路径（$VOLUMEPATH）需要使用 posix 风格的路径约束方式来表示，并且将其共享给 Docker。如果在 Mac 和 Windows 下使用 Docker，需要访问 Docker 首选项来更新共享设置。在 Windows 中，$VOLUMEPATH 可以使用 C/path/to/directory 这样的形式。

你或许想知道这些访问模式都是什么。Kubernetes 文档（*http://bit.ly/20Djyz5*）将其分为 RWO（ReadWriteOnce），即该卷能够以读写模式被加载到单个节点上；ROX（ReadOnlyMany），即该卷能够以只读模式加载到多个节点上；RWX（ReadWriteMany），即该卷能够以读写模式被多个节点同时加载。

设置卷声明

你可以使用 oc volume 命令来创建一个持久化卷声明（PVC），并将其指定到一个部署配置上。假设你已经创建了一个名为"myproject"的项目，并将其中的一个应用称为"cotd"，可以使用如下类似的指令。注意：要根据你的环境替换 $VOLUMECLAIMNAME、$VOLUMECLAIMSIZE、$MOUNTPATH 和 $VOLUMENAME 变量。例如，将上述前三个变量分别设置为 myvolumeclaim、100Mi 和 /opt/app-root/src/data。在本实例中，$MOUNTPATH 表示的是容器内的路径：

```
$ oc login -u developer -p developer

$ oc project myproject

$ oc volume dc/cotd --add \
  --name=images
  --type=persistentVolumeClaim \
  --mount-path=/opt/app-root/src/data/images \
  --claim-name=$VOLUMECLAIMNAME \
  --claim-size=$VOLUMECLAIMSIZE \
  --mount-path=$MOUNTPATH \
  --containers=cotd \
  --overwrite
```

```
persistentvolumeclaims/myvolumeclaim
deploymentconfig "cotd" updated
```

创建一个 PVC 并将其添加到你的部署配置上，也可以使用 OpenShift 控制来操作，通过项目界面的左边菜单中的"Storage"来完成。类似地，"挂载存储"可以在 Applications → Deployments 左边菜单选项中的 Actions 下拉列表中找到。

创建 GitHub 账户

你可以在 Git 库中克隆本书的部分示例，如果你还没有 Git 账号，那就去 *https://github.com* 上创建一个 GitHub 账户吧。

其他方式

如前所述，OpenShift 可以采用很多种方式来安装运行。在这里，我们主要介绍了 `oc cluster up` 命令方式，它使你拥有管理系统集群的权限，能方便地对本地实例进行操作与控制，并且项目资源仅受限于你拥有的本地系统资源容量。我们也提到了你可能会尝试的其他本地安装方式，如 Minishift，当然你也可以使用官网文档中提到的其他方式来安装自己的 OpenShift 集群。无论哪种方式，你都应该注意到这只适用于对应用的开发场景，并不能用在生产环境中。另外，对于并不需要使用 OpenShift 管理权限操作的用户，我们也希望能注册并使用 OpenShift Online (V3)云服务，它为你提供了一个可运行的、开箱即用的开发平台。

总结

在本章中,我们帮助你用本地机器安装了 OpenShift,使你拥有一个运行 OpenShift 的工作实例,并且可以与之交互。虽然我们主要关注的是 `oc cluster up` 命令,但是也希望你使用之前提到的方法来尝试操作,你会发现这个配置文件非常好用,因为在接下来的实验中你将使用它。现在一切就绪,准备好了,开始编码吧!

第 3 章
部　　署

如今，在软件环境的安装过程中，一个完整的自动化部署流程是必备的。从软件开发、测试到生产部署（实现其商业价值）的过程，构成了一个软件交付的生命周期，这个过程应该尽可能地快速和顺畅。

这种既快速又安全的部署软件到生产环境的能力是支撑持续交付能力的基础。当软件发生变动或升级的时候，尽量减少宕机时间也是一个很关键的问题。在本章中，你将学习一些使用 OpenShift 进行软件部署的常见方法。

复制控制器（Replication Controller）

OpenShift 的部署，是通过复制控制器（Replication Controller）来实现的，复制控制器（Replication Controller）基于一个被称为部署配置的用户定义模板。部署可以手动创建，也可以通过响应事件来触发。OpenShift 提供了：

- 通过模板进行配置的部署方法；
- 通过响应事件来进行自动部署的触发器；
- 用户自定义部署策略，将以前的部署升级到新的部署；

- 回滚到之前的部署；
- 副本的弹性伸缩（手动和自动）。

如果你觉得你不需要这些便捷的部署方式，你也可以在 OpenShift 上启动复制控制器或 Pod，而无须任何配置。

部署策略

OpenShift 提供了由不同的部署配置定义的部署策略。在部署过程中，每个应用程序对系统可用性和服务质量都有自己的要求。在应用设计和开发时应该考虑到架构，包括状态（例如，会话状态，原子数据——数据的真实来源），以及在应用程序更新过程中对业务服务质量的影响。例如，应用服务器的服务端集群的会话状态与只依赖客户端缓存的无状态应用程序有着不同的关注点。

OpenShift 提供了支持各种部署场景的策略，我们将在下面的部分中进行详细介绍。

滚动策略

如果在部署配置中没有指定策略，则默认使用滚动策略进行部署。滚动策略支持滚动更新，并支持生命周期挂钩（lifecycle hook），可以将代码注入到部署过程中。

滚动策略可以做到：

- 执行任意 lifecycle hook；
- 根据配置来弹性扩展新的部署；

- 根据最大不可用配置缩小旧部署的规模；
- 重复扩展操作，直到新部署达到所需的副本计数，并且旧的部署已缩小到零；
- 执行 lifecycle hook。

当缩小旧部署的规模时，滚动策略要等待 Pod 准备就绪，以决定进一步的缩放是否影响可用性。如果扩展的 Pod 未准备就绪，部署会超时，并导致失败。

让我们使用备受欢迎的 busybox 镜像示例来尝试一下。对 Docker 镜像，使用 oc new-app 命令时，OpenShift 将使用默认的滚动策略来创建部署配置：

```
$ oc login -u developer -p developer
$ oc new-project welcome --display-name="Welcome" --description="Welcome"
$ oc new-app devopswithopenshift/welcome:latest --name=myapp
$ oc set probe dc myapp --readiness --open-tcp=8080 \
    --initial-delay-seconds=5 --timeout-seconds=5
$ oc set probe dc myapp --liveness -- echo ok
$ oc expose svc myapp --name=welcome
```

如果查看部署配置，可以看到滚动部署策略，以及有关部署的其他细节：

```
$ oc describe dc myapp
...
Replicas:       1
Triggers:       Config, Image(myapp@latest, auto=true)
Strategy:       Rolling
...
```

触发器

我们的部署中增加了两个触发器：ConfigChange 和 ImageChange。这意味着每次更新部署配置或部署新镜像时，都会触发一个新部署的事件。

如果在部署配置上定义了 ConfigChange 触发器，那么在部署被触发后不久就会创建第一个复制控制器。如果在部署配置中没有定义触发器，则需要手动部署。我们可以在 web-ui 中进行手动触发部署，或者输入：

```
$ oc deploy myapp --latest
```

如果观察一下 web-ui 中的部署，可以看到旧的 Pod 不会被停止和删除，直到新的 Pod 部署成功地通过了我们定义的存活和就绪健康检查探测。我们为每个应用程序设置适当的部署行为来保证正确的部署是至关重要的（图 3-1）。

图 3-1　使用滚动策略部署

我们可以在部署期间测试应用程序的 HTTP 响应，它在正常部署运行时应当返回 HTTP 200 OK 的响应。在一个单独的 shell 命令行中，运行以下命令（替换 welcome 路由的 URL/IP 地址以适配环境）：

```
$ while true; do curl -I http://welcome-welcome.192.168.137.3.xip.io/ \
    2>/dev/null | head -n 1 | cut -d$' ' -f2; sleep 1; done
200
```

```
200
...
```

我们还可以使用 cancel 和 retry 标志来取消和重试部署（详细信息请参阅 oc deploy -h）。要查看部署配置上的触发器，可以使用以下命令：

```
$ oc set triggers dc myapp
NAME                        TYPE     VALUE                   AUTO
deploymentconfigs/myapp     config                           true
deploymentconfigs/myapp     image    myapp:latest (myapp)    true
```

我们可以通过命令行轻松地操作触发器，也可以关闭所有的触发器：

```
$ oc set triggers dc myapp --remove-all
```

这个术语容易使人困惑，因为配置触发器仍然存在，只是将其禁用了（AUTO 标志设置为 *false*），而基于镜像的触发器已经被删除。

```
$ oc set triggers dc myapp
NAME                        TYPE     VALUE   AUTO
deploymentconfigs/myapp     config           false
```

我们也可以仅禁用 ConfigChange 触发器本身：

```
$ oc set triggers dc myapp --from-config --remove
```

重新启用 ConfigChange 触发器：

```
$ oc set triggers dc myapp --from-config
```

可以从镜像更改事件中创建触发器，以便在新的镜像流可用时能触发新的部署。让我们为基础的 busybox 镜像流创建一个 image change 触发器，并添加我们之前删除的 myapp ImageChange 触发器：

```
# import image stream into our namespace
$ oc import-image docker.io/busybox:latest --confirm
# Add an image trigger to a deployment config
$ oc set triggers dc myapp --from-image=welcome/busybox:latest \
    --containers=myapp
```

```
# Add our myapp image trigger back as well
$ oc set triggers dc myapp --from-image=welcome/myapp:latest \
  --containers=myapp

$ oc set triggers dc myapp
NAME                         TYPE      VALUE                     AUTO
deploymentconfigs/myapp      config                              true
deploymentconfigs/myapp      image     busybox:latest (myapp)    true
deploymentconfigs/myapp      image     myapp:latest (myapp)      true
```

重建策略

重建策略具有基本的 rollout 行为,并支持将代码注入部署过程的 lifecycle hook。

重建策略可以做到:

- 执行前置生命周期挂钩(pre lifecycle hook);
- 将之前的部署规模缩小到零;
- 执行中期生命周期挂钩(mid lifecycle hook);
- 扩展新的部署;
- 执行后置生命周期挂钩(post lifecycle hook)。

使用前面的示例,可以使用 patch 命令将默认策略更改为重建策略:

```
$ oc delete project welcome
$ oc new-project welcome --display-name="Welcome" --description=
  "Welcome"
$ oc new-app devopswithopenshift/welcome:latest --name=myapp
$ oc patch dc myapp -p '{"spec":{"strategy":{"type":"Recreate"}}}'
$ oc set probe dc myapp --readiness --open-tcp=8080 \
     --initial-delay-seconds=5 --timeout-seconds=5
```

```
$ oc set probe dc myapp --liveness -- echo ok
$ oc expose svc myapp --name=welcome
```

如果我们用以下命令强制执行新的部署：

```
$ oc deploy myapp --latest
```

旧的 Pod 会被缩放，继续进行新的 Pod 部署。

自定义策略

自定义策略允许你提供自己的部署行为。这可以基于你的自定义镜像和配置。新部署的副本数量最初是零，该策略的职责是使用最能满足用户需求的逻辑来激活新部署。

我们的例子中没有任何自定义部署行为，但是可以通过以下方式来注入这种行为：覆盖部署镜像、命令和参数，例如：

```
$ oc patch dc myapp \
    -p'{"spec":{"strategy":{"type":"Custom",
"customParams":{"image":"devopswithopenshift/welcome:latest",
"command":["/bin/echo","a custom deployment command argument"]}}}}'
```

在这个例子中，我们只需调用 /bin/echo，它在部署时返回的状态码为 0。更多内容请查看官方文档：

https://docs.openshift.com/container-platform/3.4/dev_guide/deployments/deployment_strategies.html#custom-strategy

生命周期挂钩

重建和滚动策略支持生命周期挂钩（lifecycle hook），它允许在策略内的预定义点将行为注入到部署过程中。我们将在一个工作示例中使用 OpenShift 的前置（pre-）和后置（post-）钩子。

钩子有一个特定类型的字段，用于描述如何执行钩子。目前，基于 Pod 的钩子是唯一被支持的钩子类型，由 **execNewPod** 字段指定。

- 前置生命周期挂钩是在部署新镜像之前执行的。
- 中期生命周期挂钩（仅在重建策略中使用）在所有旧的镜像实例被关闭之后执行。
- 后置生命周期挂钩在新镜像被部署后执行。

数据库示例

本示例将使用持久化卷（PV），我们在第 2 章中提到这部分内容。如果持久化卷请求（PVC）创建之后没有和持久化卷绑定，可以通过调用 `oc get pvc` 命令来检查状态。

确保你已经创建了 PV，并检查 PVC 中定义的访问模式（**AccessMode**）和 PV 是匹配一致的，例如 ReadWriteOnce（RWO）、ReadWriteMany（RWX）。如果你不太了解持久化卷，请查看文档（*https://docs.openshift.com/container-platform/3.4/dev_guide/persistent_volumes.html*）。

一般来说，数据库不该使用滚动部署策略。因为通常在两个数据库实例同时运行相同的数据库文件时，数据库可能会被损坏。

而在使用 RWX 这种访问方式的持久化卷时，应该使用滚动部署策略，否则多节点部署时可能会失败。

OpenShift 将使用构建的镜像启动一个额外的实例，执行 hook 脚本，然后关闭实例。

在下面的示例中，我们将创建一个 Postgres 数据库模式，并使用 Liquibase 更改集加载默认数据。如果你以前没有见过这个工具，那么还有一些其他类似的数据库迁移工具，如 Flyway（*http://github.com/flyway*）。

我们在示例中使用了两个容器：
- 数据库配置由 dbinit 容器提供。配置（通过 Liquibase）被分层放入 Docker 镜像中的/deployments 目录下。最后一步（后置生命周期挂钩）是将更改集记录以 xml 文件的形式导出到 PVC 中。
- Postgres 数据库容器。

通过使用两个容器，我们可以保持运行时的数据库和它的配置相分离。Liquibase 更改集允许示例重新运行多次，因为相同的更改集不会应用两次。这个示例的另一种使用方式是执行一个 pre lifecycle hook 来初始化数据库，执行 mid lifecycle hook 来更改数据库模式。

该示例在 Postgres 数据库中创建一个名为 test 的模式。使用带注释的 SQL 脚本进行数据加载。在 JSON 模板文件中指定部署 Hook 的命令。如果检查模板文件，你将看到 Postgres 数据库和 Liquibase 的连接信息是通过环境变量指定的。

使用模板在 OpenShift 上创建一个 Postgres 数据库，并设置重建部署策略：

```
$ oc new-project postgres --display-name="postgres" --description="postgres"
$ oc create -f https://raw.githubusercontent.com/openshift/openshift-ansible/master/roles/openshift_examples/files/examples/v1.4/db-templates/postgresql-persistent-template.json
$ oc new-app --template=postgresql-persistent \
    -p POSTGRESQL_USER=user \
    -p POSTGRESQL_PASSWORD=password \
    -p POSTGRESQL_DATABASE=test
$ oc patch dc postgresql -p '{"spec":{"strategy":{"type":"Recreate"}}}'
$ oc set env dc postgresql POSTGRESQL_ADMIN_PASSWORD=password
```

一旦部署运行后，你应该会看到如下输出：

```
$ oc get pods
NAME                    READY   STATUS    RESTARTS   AGE
postgresql-2-o662j      1/1     Running   0          5m
```

像下面这样登录测试数据库：

```
$ oc rsh $(oc get pods -lapp=postgresql-persistent -o name)
$ psql -h localhost -d test -U postgres
psql (9.5.4)
Type "help" for help.
test=#
```

使用 Postgres 命令，展示表（\dt+）和列表（\dn）模式。可以看到以下内容：

```
test=# \dt+
No relations found.

test=# \dn
    List of schemas
   Name  |  Owner
---------+----------
  public | postgres
(1 row)
```

输入 Ctrl-D（或输入\q, exit）退出。

我们将通过应用程序模板来创建数据库初始化的 Pod，这个 Pod 使用了 Liquibase 更改集。

关于应用程序模板的产品文档及如何创建它们，请参阅 http://red.ht/2nYVBil。

模式创建和数据加载发生在前置生命周期挂钩部署中。使用后置生命周期挂钩生成变更日志表的 xml 文件，并将其存储在持久卷上：

```
$ oc create -f https://raw.githubusercontent.com/devops-with-openshift/liquibase-example/master/dbinit-data-pvc.yaml
$ oc new-app --name=dbinit --strategy=docker \
    https://github.com/devops-with-openshift/liquibase-example.git
# we delete the generated deployment config
$ oc delete dc dbinit
# and recreate our deployment config with our own hooks defined
$ oc process \
    -f https://raw.githubusercontent.com/devops-with-openshift/liquibase-example/master/dbinit-deployment-config.json \
    -v="IMAGE_STREAM=$(oc export is dbinit --template='{{range .spec.tags}}{{.from.name}}{{end}}')" \
    | oc create -f -
# trigger a deployment
$ oc deploy dbinit --latest
```

你可以使用以下方法来跟踪进度：

```
$ oc logs -f dc dbinit
--> pre: Running hook pod ...
DEBUG 2/2/17 10:33 AM: liquibase: Connected to user@jdbc:postgresql://172.30.161.12:5432/test
...
```

一旦运行 dbinit Pod，你应该会看到当 dbinit Pod 启动时，部署挂钩（hook）的成功监控事件：

```
$ oc get events | grep dbinit
...
8:26:23 AM dbinit Deployment Config Normal Started Running pre-
```

hook ("sh -c cd /deployments && ./liquibase --defaultSchemaName=public -url=jdbc:postgresql://${POSTGRESQL_SERVICE_HOST:-127.0.0.1}:5432/test -driver=org.postgresql.Driver update -Dauthor=mike -Dschema=MY_SCHEMA") for deployment postgres/dbinit-1

...

8:26:47 AM dbinit Deployment Config Normal Started Running post-hook ("sh -c rm -f /data/baseline.xml && cd /deployments && ./liquibase -defaultSchemaName=my_schema --changeLogFile=/data/baseline.xml -url=jdbc:postgresql://${POSTGRESQL_SERVICE_HOST:-127.0.0.1}:5432/test -driver=org.postgresql.Driver generateChangeLog") for deployment postgres/dbinit-1

...

在数据库登录的 shell 中，还可以看到数据库自身创建的表和数据：

```
test=# \dt+
                     List of relations
 Schema |        Name         | Type  | Owner |   Size    | Description
--------+---------------------+-------+-------+-----------+------------
 public | databasechangelog   | table | user  | 16 kB     |
 public | databasechangeloglock| table | user  | 8192 bytes |
(2 rows)

test=# \dt my_schema.*
              List of relations
  Schema   |       Name        | Type  |Owner
-----------+-------------------+-------+-------
 my_schema | airlines          | table | user
 my_schema | cities            | table | user
 my_schema | countries         | table | user
 my_schema | flightavailability| table | user
 my_schema | flights           | table | user
```

```
 my_schema | flights_history        | table | user
 my_schema | maps                   | table | user
 my_schema | qa_only                | table | user
 my_schema | schema_only            | table | user
(9 rows)

test=# select count(*) from public.databasechangelog;
 count
-------
    30
(1 row)


test=# select count(*) from my_schema.cities;
 count
-------
    87
(1 row)
```

退回到 shell 命令行，可以复制由后置生命周期挂钩部署生成的变更数据集。

```
$ oc rsync $(oc get pods -lapp=dbinit --template='{{range .items}}{{.metadata.name}}{{end}}'):/data/baseline.xml .
```

你现在应该在目录中有一个 *baseline.xml* 的本地副本，包含部署生成的数据库模式更改集的 xml 文件。可以将该文件存储起来以供参考，并且以后可以应用相同的模式更改到其他数据库环境中。

部署 Pod 资源

部署由 Pod 通过消耗节点上的资源（内存和 CPU）来完成。默认情况下，Pod 会无限制地消耗节点资源。但是，如果一个项目指定了默认的容器资源限制，那么 Pod 将消耗资源直到临界点为止。另一种限制资源使用的方法是指定资源限制作为部署策略的一部分。

在 busybox 的欢迎程序示例中我们看到在较早之前，如果希望限制 CPU 100 millicores（0.1 CPU 单元）和内存 256 mi（256 * 2 ^ 20 字节），可以在部署配置中指定资源限制：

```
$ oc patch -n welcome --type=strategic dc myapp \
    -p '{"spec":{"template":{"spec":{"containers":[{"name":"myapp",
"resources": {"limits":{"cpu":"100m","memory":"256Mi"}}}]}}}}'
```

在 web-ui 或命令行中查看部署时，Pod 的资源限制将会显示出来（图 3-2）。

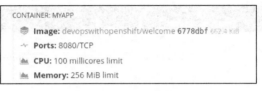

图 3-2　Pod 资源限制

OpenShift 通过在 Kernel 中使用 CGroup CPU 配额和内存限制来实现这些。关于部署 Pod 资源的详细信息可以在产品文档中找到（*http://red.ht/2p2q3Ye*）。

我们将在第 7 章详细介绍项目配额、限制和容器资源。

蓝绿部署

蓝绿部署策略通过确保在部署期间有两个版本的应用程序可用，从而将执行部署转换所需的时间最小化（参见图 3-3）。我们可以利用服务和路由层在两个正在运行的应用程序之间轻松切换，因此，执行回滚操作非常简单和快速。

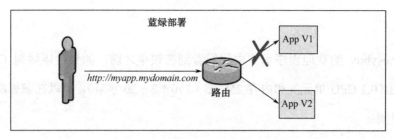

图 3-3 蓝绿部署

让我们将蓝（Blue）和绿（Green）应用程序部署到同一个项目中，并将 bluegreen 路由指向 blue 服务（参见图 3-4）：

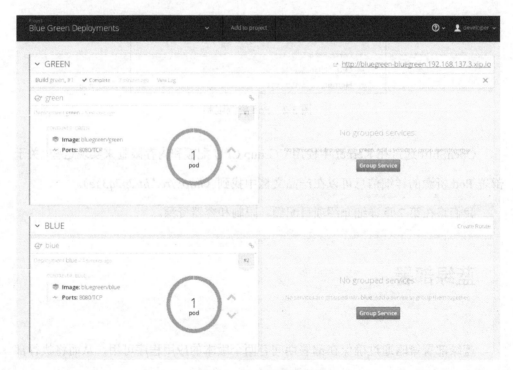

图 3-4 Green 部署范例

```
$ oc new-project bluegreen --display-name="Blue Green Deployments" \
    --description="Blue Green Deployments"
$ oc new-app https://github.com/devops-with-openshift/bluegreen#master \
```

```
    --name=blue
$ oc expose service blue --name=bluegreen
$ oc new-app https://github.com/devops-with-openshift/bluegreen#green \
    --name=green
```

通过 web-ui 或命令行，可以轻松切换 bluegreen 路由，指向 blue 或者 green 的服务：

```
# switch service to green
$ oc patch route/bluegreen -p '{"spec":{"to":{"name":"green"}}}'


# switch back to blue again
$ oc patch route/bluegreen -p '{"spec":{"to":{"name":"blue"}}}'
```

在无状态应用程序体系结构中，蓝绿部署非常容易实现，因为你不必担心：

- 在原始的 blue 堆栈中长时间运行事务；
- 数据存储需要随应用程序一起迁移或回滚。

A/B 部署

A/B 部署得名于它可以在部署时，将应用的新特性作为部署的一部分进行测试。通过这种方式，可以创建一个假设，执行 A/B 部署时，测试这个假设的结论是正确的还是错误的，然后根据结果回滚到初始应用部署（A）或者继续使用新版本应用部署（B）。

一个很好的例子，就是对销售网站或移动应用进行更改。将一定比例的流量引导至新版本，并按版本计算销售量（根据访问者数量计算转化率）。最后，根据哪个转换率高，来决定应用版本是回滚还是继续部署新版本（参见图 3-5）。

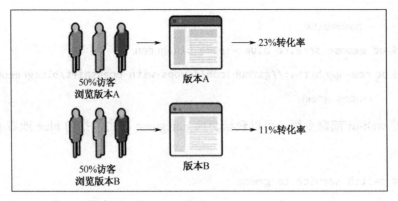

图 3-5 测试

我们可以使用 OpenShift 路由层来实现 A/B 部署（参见图 3-6）。

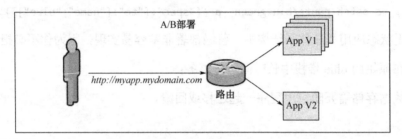

图 3-6 A/B 部署

让我们先创建应用 Cat of the Day，作为 A 版本：

```
$ oc new-project cotd --display-name='A/B Deployment Example' \
    --description='A/B Deployment Example'
$ oc new-app --name='cats' -l name='cats' \
    php:5.6~https://github.com/devops-with-openshift/cotd.git \
    -e SELECTOR=cats
$ oc expose service cats --name=cats -l name='cats'
```

再创建应用 City of the Day，作为 B 版本：

```
$ oc new-app --name='city' -l name='city' \
    php:5.6~https://github.com/devops-with-openshift/cotd.git \
    -e SELECTOR=cities
```

```
$ oc expose service city --name=city -l name='city'
```

我们还需要使用annotation（注解）来覆盖haproxy的默认负载均衡模式，把least connection（最小连接数）改为roundrobin（轮询）模式，并在命令route-backends中指定路由权重：

```
$ oc expose service cats --name='ab' -l name='ab'
$ oc annotate route/ab haproxy.router.openshift.io/balance=roundrobin
$ oc set route-backends ab cats=100 city=0
```

如果我们通过ab路由来访问浏览器，将会看到cats版本的页面。让我们再使用OpenShift set route-backends 命令调整路由权重，使得10%的流量转到city版本。通过curl命令模拟单击10次Web页面，输出结果显示了HTML页面的图像位置，可以看到10次中有1次转到city版本（记得按照实际环境情况替换URL里的主机名称）：

```
$ oc set route-backends ab --adjust city=+10%
$ for i in {1..10}; do curl -s http://ab-cotd.192.168.137.3.xip.io/item.php
  | grep "data/.*/images" | awk '{print $5}'; done
    data/cats/images/adelaide.jpg);"
    data/cats/images/adelaide.jpg);"
    data/cats/images/adelaide.jpg);"
    data/cats/images/adelaide.jpg);"
    data/cats/images/adelaide.jpg);"
    data/cats/images/adelaide.jpg);"
    data/cats/images/adelaide.jpg);"
    data/cats/images/adelaide.jpg);"
    data/cities/images/adelaide.jpg);"
    data/cats/images/adelaide.jpg);"
```

haproxy 的默认配置支持使用客户端 cookie 来进行会话保持。如果使用 curl 命令来模拟一个 Web 浏览器（--cookie 选项），由于会话保持行为，你只会看到 cats 或 cities 页面。

过段时间后，我们可以通过两个应用日志中记录的用户反馈，来衡量 cities 或 cats 哪个更受用户的喜爱。可使用 oc logs -f <name of pod> 命令来查看各个应用的日志：

```
$ oc logs -f $(oc get pods -l name=cats -o name) | grep COTD
...
{"auckland" : "4"}

$ oc logs -f $(oc get pods -l name=city -o name) | grep COTD
...
{"sydney" : "3"}, {"wellington" : "5"}
```

如果我们高兴地看到用户喜爱 cities 比 cats 多一些，就可以路由所有流量到 B/city 版本（图 3-7）：

```
$ oc set route-backends ab cats=0 city=100
```

当我们在 web-ui 界面查看流量统计条时，能看到如图 3-7 所示的界面。

图 3-7　流量统计条界面

当然，在生产环境中，我们更偏向于自动化地进行衡量和统计，并通过 API 调用和设置路由权重。

灰度部署

灰度部署是一种类似于 A/B 部署的技术，可将变更缓慢地向部分用户推出，然后再将其推广到整个基础架构，并提供给所有人使用。

如果查看一下 A/B 部署的例子，可以看到有三条路由被暴露：

```
$ oc get routes
NAME    HOST/PORT                   PATH    SERVICES                PORT
TERMINATION
ab      ab-cotd.192.168.137.3.xip.io        cats(100%),city(100%)   8080-tcp
cats    cats-cotd.192.168.137.3.xip.io      cats                    8080-tcp
city    city-cotd.192.168.137.3.xip.io      city                    8080-tcp
```

我们可使用这些路由来制定灰度部署的策略：

- 一个简单的策略是针对随机抽样用户来使用新版本——这是 A/B 部署策略。
- 将新版本提供给内部测试人员进行测试，直接把他们的流量导入 city 路由。
- 在 OpenShift 里创建一个测试项目做为灰度版本，在测试通过之后再发布。
- 更复杂的方法是根据用户的个人信息和其他统计信息选择用户。

作为集群管理员，也可以使用类似于定制化 haproxy 路由模板配置的高级技术。

按照文档，你可以利用个性化的访问控制列表来限制对灰度路由的访问。现在你不需要执行此操作了，这里有 haproxy-config.template 示例的一部分，它阻止不在子网中的用户访问 city 路由：

```
frontend public
    # Custom acl
```

```
# block users not in 192.168.137.0/24 network from accessing city host
acl network_allowed src 192.168.137.0/24
acl host_city hdr(host) -i city-cotd.192.168.137.3.xip.io
acl restricted_page path_beg /
http-request deny if restricted_page host_city !network_allowed
```

回滚

回滚可以让一个应用退回到前一个版本。蓝绿策略和 A/B 策略都内置有回滚功能，使得旧的和新的应用程序版本可以同时在你的环境中共存。

OpenShift 允许你使用 REST API、CLI 或者 Web 控制台来回滚部署配置。让我们使用 City/Cats of the Day 的例子来演示一下简单的回滚配置：

```
$ oc new-project rollback --display-name='Rollback Deployment Example' \
    --description='Rollback Deployment Example'
$ oc new-app --name='cotd' \
    -l name='cotd' php:5.6~https://github.com/devops-with-openshift/cotd.git \
    -e SELECTOR=cats
$ oc expose service cotd --name=cotd -l name='cotd'
```

接下来，部署应用程序，并通过环境变量选择器来设置 Cats。通过 web-ui 或者 CLI，可以在我们的部署配置中改变环境变量来设置 cities，这将触发一个新的部署 cities 来取代 cats：

```
$ oc env dc cotd SELECTOR=cities
```

接下来，让我们看看回滚版本 1 会是什么样子，但先不要执行回滚：

```
$ oc rollback cotd --to-version=1 --dry-run
...
    Environment Variables:
```

```
SELECTOR:         cats
...
```

我们可以看到这次回滚，使得环境变量选择器回滚到 cats。如果没有使用 -to-version 参数来指定修订版本，那么最后一次成功的部署版本将会被使用。

为了防止意外，部署配置上的镜像变化触发器在回滚中是被禁用的，在回滚完成后才会开始一个新的部署过程。

现在开始执行回滚，这将引发一次新的部署。在 web-ui 上有一个回滚按钮，按钮可以以任意部署版本来初始化一个回滚（参见图 3-8）：

图 3-8　回滚按钮

```
$ oc rollback cotd --to-version=1
```

重新启用镜像变化触发器：

```
$ oc set triggers dc cotd --auto
```

如果我们现在浏览应用程序的 URL，将看到 cats 取代了 cities，回滚之后，我们的环境变量发生了改变。我们还可以在 web-ui 或者 CLI 中看到部署信息，这些信息可以帮助我们执行向后回滚或向前回滚：

```
$ oc describe dc cotd
```

如果你给你的应用程序建立了一个新版本，当镜像变化触发器启用的时候，就会有新的部署发生。当部属配置的版本回滚时，你也可以回滚镜像的版本，这取决于你在部署配置里的特殊设置。

总结

本章演示了如何快速利用 OpenShift 的功能来进行自动化应用程序的部署。这些部署策略允许你的业务服务和应用程序在部署新版本时保持可用，在出现故障时具有快速回滚的能力。

通过在镜像和配置更改上触发部署，你可以使用 OpenShift 自动并快速地对应用程序进行粒度更小、更频繁的更新和管理。

第 4 章 管道（Pipeline）

> 部署管道（Pipeline）这项工作是为了证明候选版本是否可以发布。
>
> ——Jez Humble

Pipeline 可以让团队自动化、组织化的发布软件变更，通过及时可见的反馈，团队可以对变更中出现的错误做出快速的响应。

在本章中，我们将学习如何在 OpenShift 中使用 Pipeline，以便可以将部署事件和上下游结合，检查在部署过程中需要传递的部分。

我们的第一个 Pipeline 例子

登录到 OpenShift，并创建一个新项目。我们将继续使用 web-ui 和命令行界面来操作（选择你最喜欢方式）：

```
$ oc login -u developer -p developer
```

创建一个名称为 samplepipeline 的工程。

```
$ oc new-project samplepipeline --display-name="Pipeline Sample" \
    --description='Pipeline Sample'
```

将非持久化的 Jenkins 应用模板添加到项目中——它应该是应用目录中的即时应用程序，你可以使用 web-ui "添加到项目" 或者使用命令行：

```
$ oc get templates -n openshift | grep jenkins-pipeline-example
jenkins-pipeline-example   This example showcases the new Jenkins
   Pipeline ...
```

如果你有持久化存储，并且希望在 Jenkins 容器重启后保留 Jenkins 构建日志，那么你可以使用 Jenkins-persistent 模板。

```
$ oc new-app jenkins-ephemeral
```

在 web-ui 中继续浏览概述页面。Jenkins 部署应该在进行中从镜像仓库中下载 Jenkins 镜像之后运行 Pod（图 4-1）。这个过程创建了两个服务：一个用于 Jenkins web-ui，另一个用于 jenkins-jnlp 服务。Jenkins slave/agent 使用它来与 Jenkins 应用程序交互：

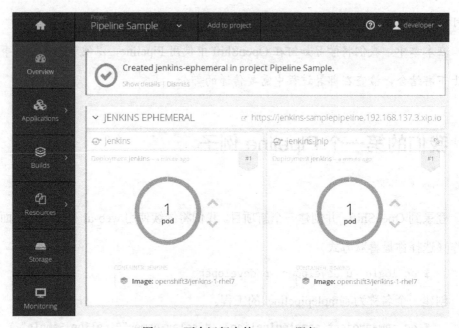

图 4-1　两个运行中的 Jenkins 服务

```
$ oc get pods
NAME              READY    STATUS    RESTARTS   AGE
jenkins-1-1942b   1/1      Running   0          1m
```

让我们使用图 4-1 中的 "add to project" 按钮添加 Jenkins Pipeline 应用程序示例，以及 Jenkins-pipeline-example 模板：

```
$ oc new-app jenkins-pipeline-example
```

Jenkins 示例应用程序模板

如果你的 OpenShift 中没有 Jenkins Pipeline 示例模板，你可以使用以下命令找到，并加载到 OpenShift 中：

```
$ oc create -f \
https://raw.githubusercontent.com/openshift/origin/
master/examples/jenkins/pipeline/samplepipeline.yaml
```

单击创建按钮后，选择 "Contiune to overview"。示例应用程序包含一个 MongoDB 数据库；你应该看到，一旦镜像被下载，就会运行这个数据库 Pod。让我们开始应用 Pipeline 构建项目（图 4-2）。浏览 Builds → Pipelines，单击〔Start Pipeline〕或使用以下命令：

图 4-2 开始应用 Pipeline 构建项目

```
$ oc start-build sample-pipeline
$ oc get pods
NAME                              READY   STATUS      RESTARTS   AGE
jenkins-1-ucw9g                   1/1     Running     0          1d     ①
mongodb-1-t2bxf                   1/1     Running     0          1d     ②
nodejs-mongodb-example-1-3lhg8    1/1     Running     0          15m    ③
nodejs-mongodb-example-1-build    0/1     Completed   0          16m    ④
```

构建和部署完成后（图 4-3），你可以看到：

① 一个 Jenkins 服务 Pod；

② 一个 MongoDB 数据库 Pod；

③ 一个运行中的 Node.js 应用 Pod；

④ 一个完成的构建 Pod。

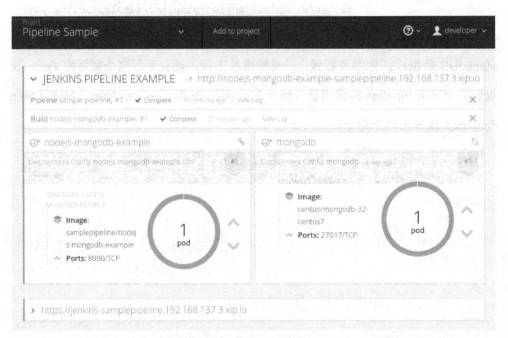

图 4-3　Pipeline 构建成功

如果你访问 route URL，那么你现在应该能够浏览到正在运行的应用程序，该应用程序每次访问 Web 页面时都会增加一个页面计数（图 4-4）。

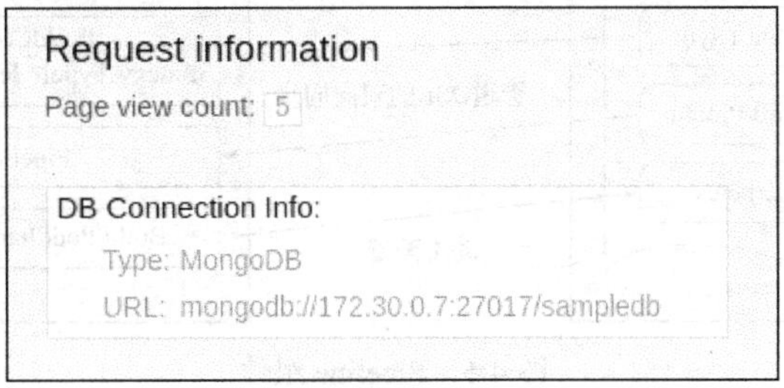

图 4-4　运行中的 Pipeline 应用程序

Pipeline 组件

使用 Jenkins 管道设置基本流程以进行持续测试。另外，在持续集成和持续交付过程中需要一些移动组件。在查看详细内容之前，先从组件维度看一看。

在 Jenkins 中，主要的组成部分及其角色如下（图 4-5）：

- Jenkins 服务实例运行在 OpenShift 的 Pod 中。
- Jenkins OpenShift 登录插件：Jenkins 登录、权限轮询，以及 OpenShift 到 Jenkins 单向同步的管理。
- Jenkins OpenShift Sync 插件：Pipeline 构建作业的双向同步。
- Jenkins OpenShift Pipeline 插件：Pipeline 与 Kubernetes 和 OpenShift 协同工作。
- Jenkins Kubernetes 插件：给 Jenkins slave 构建 Pod。

相关官方文档：*https://docs.openshift.com/container-platform/3.4/usingimages/otherimages/jenkins.html*。

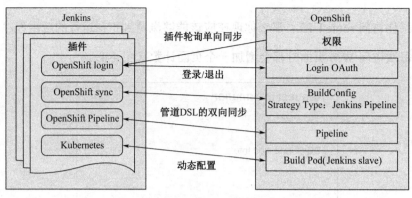

图 4-5　Pipeline 组件

探究 Pipeline 的细节

我们在短时间内做了很多事情！让我们深入了解一些细节，以便更好地理解 OpenShift 中的 Pipeline。浏览 Web 页面，找到 Builds → Pipelines →sample-pipeline → Configuration，如图 4-6 所示。

图 4-6　Pipeline 配置

你可以看到 Jenkins Pipeline 类型的构建策略，以及 Pipeline 代码（通常称为 *Jenkinsfile*）。它是一个 Groovy 脚本，告诉 Jenkins 在管道运行时要做什么。

每个阶段中运行的命令都会使用 Jenkins OpenShift 插件。这个插件通过 domain-specific language（DSL）API（在我们的例子中是 Groovy）提供构建和部署步骤。因此，你可以看到，对于构建和部署：

- 根据构建配置启动一个叫做 nodejs-mongodb-example 的构建。
  `openshiftBuild(buildConfig: 'nodejs-mongodb-example', showBuildLogs: 'true')`
- 根据部署配置启动一个叫做 nodejs-mongodb-example 的部署。
  `openshiftDeploy(deploymentConfig: 'nodejs-mongodb-example')`

Pipeline 的基本组成如下。

节点

调度任务运行的步骤被添加到 Jenkins 构建队列，它可以在 Jenkins master 或者 Jenkins slave（在我们的例子中是一个容器）上运行。节点元素外的命令在 Jenkins master 上运行。

阶段

默认情况下，Pipeline 构建可以并发运行。`stage` 命令允许你将构建的某些部分标记为限制并发。

在示例中，我们在节点中有两个阶段（构建和部署）。当通过启动 Pipeline 构建来执行此 Pipeline 时，与任何镜像构建一样，OpenShift 将在构建 Pod 中运行。一旦构建成功完成，Jenkins slave Pod 就会被销毁。Jenkins slave Pod 是通过 *Jenkins-jnlp* 服务与 Jenkins 通信的。

因此，当构建运行时，你应该能够看到以下 Pod：

```
$ oc get pods
NAME                      READY   STATUS    RESTARTS   AGE
jenkins-1-ucw9g           1/1     Running   0          1d    ①
```

```
mongodb-1-t2bxf                      1/1    Running   0    1d    ②
nodejs-3465c67ce754                  1/1    Running   0    51s   ③
nodejs-mongodb-example-1-build       1/1    Running   0    40s   ④
```

① Jenkins 服务 Pod。

② MongoDB 数据库 Pod。

③ Jenkins slave Pod——在本例中，Node.js slave 会在构建完成后被销毁。

④ 运行构建的 Pod。

Pipeline 基础

要了解更多关于 Jenkins Pipeline 的基础知识，请参阅 Jenkins Pipeline 插件教程。

https://github.com/jenkinsci/pipeline-plugin/blob/master/TUTORIAL.md

探索 Jenkins

在 OpenShift 中集成 Pipeline 视图的一个重要特性是你不需要深入了解 Jenkins，所有的管道用户接口组件都可以在 OpenShift web-ui 中使用。如果你想深入了解 Jenkins 中的 Pipeline，请在浏览器中选择构建 Pipeline，并单击 *View Log* 链接。

OAuth 集成

OpenShift Jenkins 镜像现在支持绑定认证插件。这个插件将 OpenShift OAuth 提供者与 Jenkins 集成，当用户试图访问 Jenkins 时，他们就会被重定向到 OpenShift 进行身份验证。在身份验证成功之后，它们将被重定向回原应用程序，并带有一个 OAuth 令牌，应用程序可以使用该令牌代表用户发出请求。

使用你的 OpenShift 用户名和密码登录到 Jenkins；如果配置了 OAuth 集成，授权将作为你工作的一部分（图 4-7）。

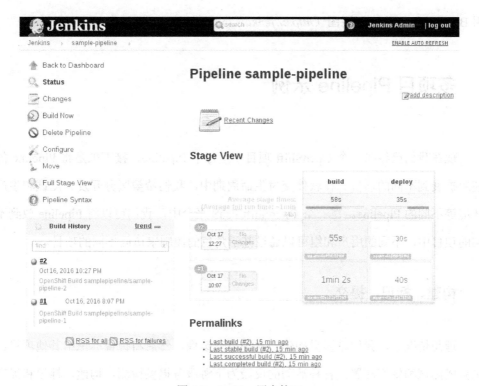

图 4-7　Jenkins 用户接口

Jenkins slave 镜像

默认情况下，Jenkins 的安装已经预先配置了 Kubernetes 插件构建器镜像。如果你登录 Jenkins，并单击 Jenkins → Manage Jenkins → Kubernetes，Pod 模板配置了 Maven 和 Node.js。你也可以添加自定义镜像，使用模板将 OpenShift S2I 镜像转换为有效的 Jenkins slave 镜像；请参阅完整文档，获取更多扩展内容。

https://github.com/openshift/origin/tree/master/examples/jenkins/master-slave

Jenkins 中有各种各样的编辑器和子功能页面可供 Pipeline 作业使用。你可以浏览构建日志、Pipeline 阶段视图和配置。如果你使用的是新版的 Jenkins，还可以使用 Blue Ocean Pipeline 视图（*https://jenkins.io/projects/blueocean/*）。

多项目 Pipeline 示例

现在我们已经在一个 OpenShift 项目中运行了 Pipeline，接下来是将 Pipeline 的使用扩展到不同的项目。在软件交付生命周期中，我们希望区分开发、测试和生产环境等不同的 Pipeline。在一个 OpenShift PaaS 平台中，我们可以将 Pipeline 放到不同的项目中，不同的用户和组可以通过基于角色的控制来访问不同的项目。

构建、标记、提交

理想情况下，我们希望只构建一次不可变镜像，然后将镜像标记给其他项目，来完成测试和生产部署。各种活动的反馈为下游服务提供检测，构建、标记和提交构成了基于容器应用交付生命周期的基础。

通过使用镜像仓库来集成集群之间的镜像，我们可以在多个 PaaS 平台中进一步理解这个概念。还可能发生和环境无关的活动，关于跨集群的交付技术，请参阅文档 *https://blog.openshift.com/cross-cluster-image-promotion-techniques/*。

常见的活动，如 UAT 测试和预生产发布可以添加到基本工作流中，以满足组织的需要。

那么，让我们开始 Pipeline 部署。我们将使用 OpenShift 集成的 Pipeline 创建四个项目。

CICD

容器化 Jenkins 实例。

开发

构建和开发应用镜像。

测试

测试应用。

生产

部署至生产环境。

图 4-8 描述了各种项目下（开发、测试、生产）应用流的一般形式，以及在这些项目之间发生构建、标记、提交策略时，允许项目间所需要的访问。OpenShift 授权策略是为基于项目的服务账号管理配置的，如下一节所述。

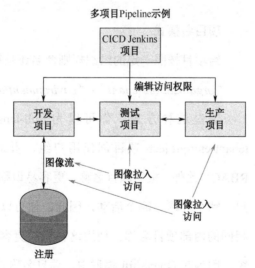

图 4-8　多项目 Pipeline

创建项目

对于这个更高级的示例,我们将使用命令行,这样可以稍微加快速度。当然,如果你愿意,可以使用 web-ui 或 IDE。先创建项目:

```
$ oc login -u developer -p developer
$ oc new-project cicd --display-name='CICD Jenkins' --description='CICD Jenkins'
$ oc new-project development --display-name='Development' --description='Development'
$ oc new-project testing --display-name='Testing' --description='Testing'
$ oc new-project production --display-name='Production' --description='Production'
```

项目名模式

给项目按照一定的组织规则命名还是很有用的。例如:

"organization/tenant" - "environment/activity" - "project"

通过这种方式,你可以为 full-tenant、tenant-env 或 tenant-env-project 项目创建用户组,并对其进行细粒度的 RBAC。此外,根据项目名称,更容易识别出项目属于哪个用户、哪个环境、哪个活动,因此,你可以在每个环境中使用相同的内部项目名称。使用这种模式更容易避免项目名称冲突,因为在 OpenShift 集群中,项目名称必须是唯一的。

添加基于角色的访问控制

让我们在项目中添加基于角色的访问控制,以允许不同的服务账号来构建镜像、推送镜像、给镜像打标签。首先,我们将允许 cicd 项目的 Jenkins 服务账号编辑访问项目:

```
$ oc policy add-role-to-user edit system:serviceaccount:cicd:jenkins \
    -n development
$ oc policy add-role-to-user edit system:serviceaccount:cicd:jenkins \
    -n testing
$ oc policy add-role-to-user edit system:serviceaccount:cicd:jenkins \
    -n production
```

现在,我们希望允许测试服务账号和生产服务账号能够从开发项目中拉取镜像:

```
$ oc policy add-role-to-group system:image-puller system:serviceaccounts:testing \ -n development
$ oc policy add-role-to-group system:image-puller system:serviceaccounts:production \ -n development
```

部署 Jenkins 和 Pipeline

将非持久化的 Jenkins 实例部署到 cicd 项目中,启用 OAuth 集成(默认),并设置 Java heap 大小:

```
$ oc project cicd
$ oc new-app --template=jenkins-ephemeral \
    -p JENKINS_IMAGE_STREAM_TAG=jenkins-2-rhel7:latest \
    -p NAMESPACE=openshift \
    -p MEMORY_LIMIT=2048Mi \
    -p ENABLE_OAUTH=true
```

哪个镜像？

取决于你使用的是哪个版本的 OpenShift（社区版 OpenShift Origin 或受支持的企业版 OpenShift Container Platform），你可能希望使用不同的基础镜像。-1-系列指的是 Jenkins 1.6.X 分支，-2-指的是 Jenkins 2.X 分支：

jenkins-1-rhel7:latest, jenkins-2-rhel7:latest - officially supported Red Hat images from regis-try.access.redhat.com

jenkins-1-centos7:latest, jekins-2-centos7:latest - community images on hub.docker.io

如果你使用命令行的话，让我们使用 all-in-one 命令创建 Pipeline：

```
$ oc create -n cicd -f \
    https://raw.githubusercontent.com/devops-with-openshift/pipeline-configs/master/pipeline.yaml
```

如果你希望将其分解为多个步骤，也可以通过手动完成。通过 web ui，添加项目→导入 YAML/JSON，来添加一个空 Pipeline，然后将 Pipeline 定义文件复制到这个空 Pipeline 即可：

https://raw.githubusercontent.com/devops-with-openshift/pipeline-configs/master/empty-pipeline.yaml

我们可以通过 Web 页面来编辑 Pipeline，通过 Builds → Pipelines → sample-pipeline → Actions → Edit，然后输入如下 Pipeline 代码，按保存：

https://raw.githubusercontent.com/devops-with-openshift/pipeline-configs/master/pipeline-groovy.groovy

通过以上的联系，你就可以很轻松地创建自己的 YAML 配置。通过以下命令，可以帮助你快速开发 Pipeline，并将它作为 Pipeline 脚本代码。

```
$ oc export bc pipeline -o yaml -n cicd
```

Jenkinsfile 路径

既可以将 Pipeline 代码嵌入到构建配置中，也可以将其提取到文件中，并使用 Jenkinsfile Path 参数。请参阅 OpenShift 产品文档以了解更多的细节。

（*https://docs.openshift.com/container-platform/3.4/dev_guide/builds/index.html#jenkinsfile*）

部署示例应用

让我们将 Cat/City of the Day 这个应用部署到开发项目中。

为了在我们的环境中演示代码更改自动触发 Pipeline 的 webhook，你可以将这份代码复制一份。

使用构建镜像和 Git 仓库地址来创建应用时，记住要换成你自己的 Git 仓库地址，在创建路由时，将主机名替换为适合你的环境名称：

```
$ oc project development
$ oc new-app --name=myapp \
openshift/php:5.6~https://github.com/devops-with-openshift/cotd.git#master
 $ oc expose service myapp --name=myapp\
    --hostname=cotd-development.192.168.137.3.xip.io
```

默认情况下，OpenShift 将在开发项目中构建和部署我们的应用程序，应用有任何更改，都会触发滚动更新。我们将使用已经创建好的 image stream 来标记并提交到我们的测试和生产中，但是，首先我们需要在这些项目中创建部署配置。

要创建部署配置，你首先需要知道所依赖的镜像仓库 IP 地址。默认情况下，开发用户没有从 default 项目读取的权限，不过我们可以从开发 image stream 中获取这些信息：

```
$ oc get is -n development
NAME    DOCKER REPO                                   TAGS     UPDATED
myapp   172.30.18.201:5000/development/myapp          latest   13 minutes ago
```

作为集群管理员，你还可以直接查看 docker-registry：

```
$ oc get svc docker-registry -n default
NAME              CLUSTER-IP       EXTERNAL-IP   PORT(S)    AGE
docker-registry   172.30.18.201    <none>        5000/TCP   18d   ①
```

① Docker 镜像仓库的 IP 地址和端口。更多信息，请参阅产品服务文档。

https://docs.openshift.com/container-platform/3.4/architecture/coreconcepts/podsand_services.html#services

在测试项目中创建部署配置，一定要使用你自己环境的镜像仓库地址。每次更改或编辑部署配置时，配置触发器都会触发新的部署。我们取消了这个自动触发的部署，因为我们还没有使用 Pipeline 来构建、标记、推送镜像，这个部署会一直运行，直到在等待新镜像过程中超时。

```
$ oc project testing
$ oc create dc myapp --image=172.30.18.201:5000/development/myapp:promoteQA
$ oc deploy myapp --cancel
```

我们需要在测试项目中修改一下镜像拉取策略（imagePullPolicy），默认情况下，它被设置为 IfNotPresent，但是我们希望新的镜像能触发部署。

```
$ oc patch dc/myapp \
```

```
    -p '{"spec":{"template":{"spec":{"containers":[{"name":"default-
container","imagePullPolicy":"Always"}]}}}}'
$ oc deploy myapp --cancel
```

接下来，我们创建 service 和 route（确保主机名要和环境匹配）：

```
$ oc expose dc myapp --port=8080
$ oc expose service myapp --name=myapp \
    --hostname=cotd-testing.192.168.137.3.xip.io
```

在生产项目中重复这些步骤：

```
$ oc project production
$ oc create dc myapp --image=172.30.18.201:5000/development/myapp:promotePRD
$ oc deploy myapp --cancel
$ oc patch dc/myapp
    -p '{"spec":{"template":{"spec":{"containers":[{"name":"default-
container","imagePullPolicy":"Always"}]}}}}'
$ oc deploy myapp --cancel
$ oc expose dc myapp --port=8080
$ oc expose service myapp --hostname=cotd-production.192.168.137.3.xip.io --name=myapp
```

我们使用了两个不同的镜像标签，测试环境使用 promoteQA，生产环境使用 promotePRD。

运行 Pipeline

现在，我们在 cicd 项目运行 Pipeline：

```
$ oc start-build pipeline -n cicd
```

在 cicd 项目中，使用 web-ui，依次打开 Browse → Builds → Pipeline，你应该可以看到 Pipeline 的运行状态，如图 4-9 所示。

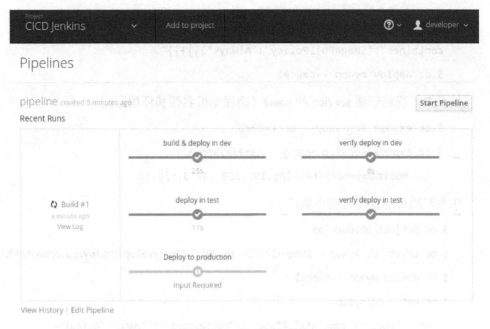

图 4-9　Pipeline 运行状态

打开测试项目，我们可以看到两个 Pod 已经在运行了。接下来，我们就可以在这个环境中自动或者手动来运行测试步骤了——非常棒的测试环境。

我们还可以看到 Pipeline 暂停了，在等待用户输入。如果选择 InputRequired，你将被带到 Jenkins 运行环境（如果你还没有登录，则需要先进行登录）。选择 Proceed 以允许 Pipeline 继续部署到生产环境中，如图 4-10 所示。

图 4-10　手动批准部署到生产环境

打开生产项目，你将看到两个 Pod 已经部署 OK 了，浏览应用程序的 URL，应该可以看到城市。

等一下！是一只猫。看来我们是部署了错误的代码分支，也许我们的测试并不像我们想象得那么好。

快速部署一个新分支

打开开发项目，单击 Builds → Builds → myapp → Actions →Edit。我们可以将 master 分支改为 feature 分支。

```
$ oc project development
$ oc patch bc/myapp -p '{"spec":{"source":{"git":{"ref":"feature"}}}}'
```

我们再启动一个 Pipeline 构建，但是这次需要做一些手工测试，以确保在部署到生产环境之前得到的是正确结果：

```
$ oc start-build pipeline -n cicd
```

看起来不错，手动批准后部署到生产环境，如图 4-11 所示。

图 4-11　我们的城市

管理镜像的变化

希望在生产环境中使用容器的运维团队必须考虑软件供应链,以及如何以自己的软件为基础,帮助开发者选择适合的企业支持的容器管理平台,考虑到容器镜像是分层存储的,开发和运维团队如果能尽早知道镜像中的内容是很重要的。

容器覆盖了分层构建的整个链路,如图 4-12 所示。运维人员负责更新底层的操作系统环境,开发人员可以将代码和环境分离,无障碍地部署应用。两个团队都可以按照他们自己的节奏同时工作,在需要的时候,更新他们各自负责的镜像层即可。不兼容的问题可以尽早在构建阶段被发现,而不用等到部署阶段,另外,通过测试也可以保证应用的可用性。

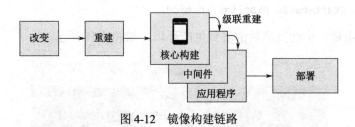

图 4-12 镜像构建链路

核心构建将包含运行中间件和应用程序的操作系统,如果你使用的是红帽的基础构建镜像,那么它已经为你的应用程序提供了中间件。在 our City of the Day 应用程序中,通过使用 oc adm build-chain 命令,我们可以很容易地看到构建链:

```
$ oc login -u sysadmin:admin
$ oc adm build-chain php:5.6 -n openshift --all
<openshift istag/php:5.6>
  <development bc/myapp>
    <development istag/myapp:latest>
```

build-chain 命令非常有用,因为用它可以创建镜像的构建链依赖图。可以使用相同的镜像和应用程序创建一个新的 playground 命名空间——让我们看一下镜像流依赖关系（图 4-13）：

```
$ oc adm build-chain php:5.6 -n openshift --all -o dot | dot -T svg -o deps.svg
```

dot 工具

要运行此命令，你可能需要安装 graphviz 包中的 dot 程序。

基于 rpm 的 Linux 系统使用以下命令：

```
$ yum install graphviz
```

其他系统请参阅 *http://www.graphviz.org/Download.php*。

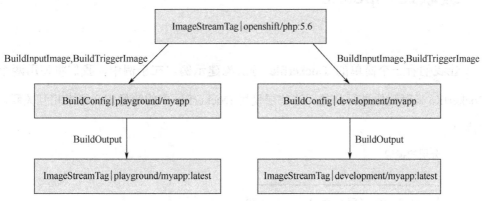

图 4-13　镜像流依赖关系

我们可以很容易地确定基础构建镜像 php:5.6 的更改是否会导致应用程序的更改。此部署在构建配置上使用镜像更改触发器来检测 OpenShift 中是否有新镜像可用。当镜像发生变化时，我们的相关应用程序将在 playground 项目中自动构建和重新部署。

我们可以在构建配置（YAML/JSON）中看到触发器，或者通过以下命令：

```
$ oc project development

$ oc set triggers bc/myapp --all
NAME                TYPE      VALUE                AUTO
buildconfigs/myapp  config                         true
buildconfigs/myapp  image     openshift/php:5.6    true①
buildconfigs/myapp  webhook   gqBsJ6bdHVdjiEfZi8Up
buildconfigs/myapp  github    uAmMxR1uQnW66plqmKOt
```

① 构建配置中设置了基于镜像变更的触发。

但是，如果基础镜像改变了，我们如何使用 Pipeline 来管理这样的构建和部署呢？

级联式 Pipeline

让我们看一个简单的 Dockerfile 分层构建示例。在示例中，我们将使用两个 Dockerfile 来对镜像进行分层。这些层使用 Dockerfile 中的镜像定义标准相互关联。例如：

```
分层的镜像
 _____
| app layer (foo app)    |  ③
| ---------------------- |
| ops layer (middleware) |  ②
| ---------------------- |
| busybox                |  ①
|_____|
```

① Dockerhub 上的 busybox 基础镜像。

② 中间件层（ops）：shell 脚本。

③ 应用层（foo）。

现在，我们可以将这个示例变得非常简单，中间件层是一个简单的 shell 脚本！我们将运行一个已经可以工作的例子，Dockerfile 如下：

```
# middleware ops/Dockerfile
FROM docker.io/busybox
ADD ./hello.sh ./
EXPOSE 8080
CMD ["./hello.sh"]


# application foo/Dockerfile
FROM welcome/ops:latest
CMD ["./hello.sh","foo"]
```

现在，我们想要的是在重新构建 ops 镜像时自动触发 foo 应用的 Pipeline（手动或将新的 busybox 镜像推送到镜像仓库）。

让我们建立一个 welcome 项目，并给 Jenkins 服务账号赋予编辑权限：

```
$ oc login -u developer -p developer
$ oc new-project welcome --display-name='Welcome' --description='Welcome'
$ oc policy add-role-to-user edit system:serviceaccount:cicd:jenkins
    -n welcome
```

接下来，我们创建 ops 和 foo 应用。首先要确保 ops:latest 镜像存在，然后我们才能创建和构建 foo 镜像，或者在构建 foo 镜像的 new-app 命令中使用 -allow-missing- imagestream-tags 标记：

```
$ oc new-build --context-dir=sh --name=ops --strategy=docker \
    https://github.com/devops-with-openshift/welcome
$ oc new-build --context-dir=foo --name=foo --strategy=docker \
    --allow-missing-imagestream-tags\
    https://github.com/devops-with-openshift/welcome
```

在 foo 镜像构建完成后部署，并为 foo 应用创建服务和路由：

```
$ oc create dc foo --image=172.30.18.201:5000/welcome/foo:latest
$ oc expose dc foo --port=8080
$ oc expose svc foo
```

测试下正在运行的 foo 应用：

```
$ curl foo-welcome.192.168.137.3.xip.io
Hello foo ! Welcome to OpenShift 3
```

让我们在前面创建的 cicd 项目中创建 welcome 和 foo Pipeline：

```
$ oc create -n cicd -f \
    https://raw.githubusercontent.com/devops-with-openshift/pipeline-configs/master/ops-pipeline.yaml
```

我们可以设置构建配置触发器，禁用 foo 应用，构建配置 ImageChange 触发器，因为想要 foo Pipeline 构建来管理部署：

```
$ oc set triggers bc foo --from-image='ops:latest' --remove -n welcome
```

现在，想要将 ImageChange 触发器添加到 foo Pipeline 构建配置中——这样每当推送一个新的 ops 镜像时，我们的 Pipeline 构建就会启动：

```
$ oc patch bc foo -n cicd \
    -p '{"spec":{"triggers":[{"type":"ImageChange","imageChange":{"from":{"kind":"ImageStreamTag","namespace": "welcome","name": "ops:latest"}}}]}}'
```

同样，删除构建配置 ImageChange 触发器，因为我们希望 Pipeline 在 busybox:latest 的镜像发生变化时管理这个构建和部署：

```
$ oc set triggers bc ops --from-image='busybox:latest' --remove -n welcome
$ oc patch bc ops -n cicd \
    -p '{"spec":{"triggers":[{"type":"ImageChange","imageChange":{"from":{"kind":"ImageStreamTag","namespace": "welcome","name": "busybox:latest"}}}]}}'
```

让我们通过触发一个 Pipeline 构建和部署来测试一下。我们期待看到当 ops:latest

镜像被推送时，foo Pipeline 会自动运行：

```
$ oc start-build ops -n cicd
```

现在我们有了级联构建和部署 Pipeline，可以用来管理镜像（图 4-14）。这些 Pipeline 可以由不同的团队分别管理，以不同的节奏进行更改。例如，为了安全修补或更新，可以偶尔运行和更改 ops Pipeline。foo 应用将被开发人员更改并定期运行。

Pipeline 也可以是非常复杂的。例如，我们希望包含对图像的测试！我们还可以希望 Pipeline 管理多个项目。所以，我们有一个运维人员的 Pipeline 和一个开发人员的 Pipeline。

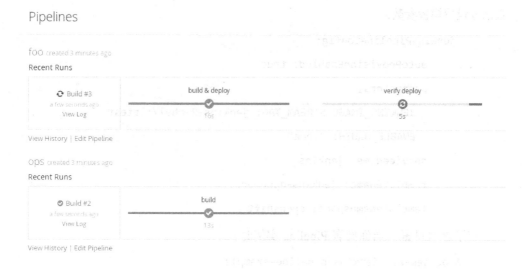

图 4-14　管理镜像

自定义 Jenkins

在 OpenShift 中使用 Jenkins 作为 Pipeline 组件时，有几件重要的事情需要考虑，我们将在这里进一步讨论。相关产品文档参阅 *https://red.ht/20EhcPO*。

Jenkins 作为 Pipeline 的持续集成部分可以在 OpenShift Master 的配置文件中配置。默认情况下，通常是非持久的 Jenkins 模板。你可以通过编辑 `jenkins PipelineConfig` 的模板名称和模板命名空间字段来更改。如果想要在 Jenkins 容器重启后让历史构建作业不丢，那么可以通过使用 `Jenkins-persistent` 模板提供持久化存储卷来保存这些记录。

你可能还希望在部署 Pipeline 编译配置时通过设置 `autoProvisionEnabled: true` 标志来启用 Jenkins 实例的自动配置。你可以在 master 配置文件 `jenkinsPipelineConfig` 部分（*openshift.local.config/master/master-config.yaml*）中的参数部分设置模板参数：

```
jenkinsPipelineConfig:
    autoProvisionEnabled: true
    parameters:
      JENKINS_IMAGE_STREAM_TAG: jenkins-2-rhel7:latest
      ENABLE_OAUTH: "true"
    serviceName: jenkins
    templateName: jenkins-ephemeral
    templateNamespace: openshift
```

有了这些设置，当你部署 Pipeline 实例时：

```
$ oc new-app jenkins-pipeline-example
```

将自动创建一个临时的 Jenkins，使用的是受支持的 Jenkins-2-rhel7:latest 镜像，并且启用 OAuth。要定制官方的 OpenShift Jenkins 镜像，有以下两种方式。

- 使用镜像；
- 使用 Jenkins 镜像作为 S2I。

Jenkins 如果使用持久化存储，你还可以通过 Manage Jenkins → Manage Plugins admin 页面来添加插件，保证 Jenkins 重启后也是生效的，只是这个配置是手动应用的，不太容易维护。你可能还希望通过添加自己的插件来扩展基本的 Jenkins 镜像，例如，通过添加：

SonarQube

用于对代码质量的持续检查。

OWASP

依赖项检查插件，用于检测项目依赖项中的已知漏洞。

Ansible

允许你将可执行的 Ansible 任务添加作为作业构建步骤。

Multibranch

用于处理单个组中的代码分支。

通过这种方式，你的定制的、可重用的 Jenkins 镜像将包含支持更复杂的 CICD Pipeline 作业所需的工具——你可以在构建和部署时执行代码质量检查、检查依赖项中的漏洞（持续安全），以及运行 Ansible playbooks 以帮助提供非 PaaS 资源。

当一个新的分支被推送到源代码仓库时，多分支插件将自动创建一个新的 Jenkins 作业。其他插件可以定义各种分支类型（例如，Git 分支、Subversion 分支、GitHub pull 请求等）。当我们想要跨分支重用 `Jenkinsfile` Pipeline 作为代码定义时，特别是如果我们正在对分支进行 bug 修复或特性增强，并在完成后合并回主干时，这是非常有用的。

有关定制 Jenkins 镜像的详细信息，请参阅产品文档（*https://red.ht/2nceWPX*）。

使用类库扩展 Pipeline

这里有一些非常棒的动态并可重用的 Jenkins Pipeline 库，你可以在自己的 Pipeline 中作为代码使用；它们提供了很多可重用的特性：

Fabric8 Pipeline for Jenkins（https://github.com/fabric8io/fabric8-pipeline-library）。

提供一组可重用的 Jenkins Pipeline 过程和函数。

Jenkinsfiles Library（https://github.com/fabric8io/fabric8-jenkinsfile-library）。

提供一组可在项目中使用的可重用的 Jenkinsfile 文件。

并行构建任务

可以在 Pipeline 中快速运行作业的重要一点是：不同节点并行运行的能力。我们可以使用 Groovy 关键字 parallel 来实现这一点。并行运行大量测试程序就是一个很好的用例：

```
stage 'parallel'
parallel 'unitTests': {
            node('maven') {
                    echo 'This stage runs automated unit tests'
                    // code ...
            }
}, 'sonarAnalysis': {
            node('maven') {
                    echo 'This stage runs the code quality tests'
```

```
                    // code ...
                }
        }, 'seleniumTests': {
                node('maven') {
                        echo 'This stage runs the web user interface tests'/
                        //code ...
                }
        }, failFast: true
```

我们执行这个 Pipeline 时，可以查看这个作业对应的 Pod，或者检查 Jenkins 日志：

```
[unitTests]       Running on maven-38d93137cc2 in /tmp/workspace/parallel
[sonarAnalysis]   Running on maven-38fc49f8a37 in /tmp/workspace/parallel
[seleniumTests]   Running on maven-392189bf779 in /tmp/workspace/parallel
```

我们可以看到每个节点都运行了三个不同的 Jenkins slave Pod。这让我们很容易同时运行多个步骤，使管道执行起来更快；并且利用了 OpenShift 提供的弹性功能，可以根据需要在容器中构建。

总结

本章演示了如何在 OpenShift 项目中快速使用集成好的 Pipeline。在 Pipeline 自动化操作的每一步，都将活动的结果清晰地反馈给团队，让你在发生故障时快速响应。不断迭代 Pipeline 是快速交付高质量软件的好方法。使用 Pipeline 功能可以根据需要轻松创建容器应用程序，以满足构建、测试和部署要求。

第 5 章
配 置 管 理

在软件工程中，建议将动态配置与运行时软件包分开。这允许开发人员和运维工程师更改配置，但不必重新构建软件包。

在 OpenShift 中，建议只将运行时的软件打包到容器镜像并存储在镜像仓库中，然后在应用初始化阶段将运行配置注入镜像。这种方法的一个好处是，运行镜像只需要构建一次，而配置可以随着不同环境的改变而改变（例如，开发测试到生产环境）。

OpenShift 有许多机制可以将配置添加到一个正在运行的 Pod 中：

- Secret
- 配置文件
- 环境变量
- Downward API
- 分层构建

在下面的部分中，我们将讨论每种机制的优缺点。

Secret

顾名思义，Secret 是一种可以将敏感信息（如用户名、密码、证书）添加到 Pod 的机制。

创建 Secret

使用 oc secret 命令创建一个 Secret：

```
$ oc secret new test-secret cert.pem
secret/test-secret
```

创建有多个字段的 Secret：

```
$ oc secret new ssl-secret keys=key.pem certs=cert.pem
secret/ssl-secret
```

创建有多个字段的 Secret 时，用于标识单个文件的密钥需要符合以下约定：rfc1035/rfc1123 subdomain(DNS_SUBDOMAIN)。

```
$ oc get secrets
NAME                TYPE        DATA      AGE
ssl-secret          Opaque      2         48s
test-secret         Opaque      1         8m
```

更多信息请查看 https://github.com/kubernetes/kubernetes/blob/master/docs/design/identiers.md。

出于管理目的，可以通过使用 oc label 命令对 Secret 贴标签。

```
$ oc label secret ssl-secret env=test
```

```
secret "ssl-secret" labeled
```

```
$ oc get secrets --show-labels=true
```

NAME	TYPE	DATA	AGE	LABELS
ssl-secret	Opaque	2	25s	env=test

移除 Secret 也很简单，通过 `oc delete secret` 命令即可移除：

```
$ oc delete secret ssl-secret
```

```
secret "ssl-secret" deleted
```

在 Pod 中使用 Secret

当 Secret 被创建后就需要被添加进 Pod，添加的方式有如下两种：

- 以 volume 的形式挂载至 Secret；
- 以环境变量的形式注入。

在接下来的示例中将使用以下命令创建 OCP 资源：

```
$ oc new-app https://github.com/openshift/nodejs-ex
```

以 volume 的形式挂载

将 Secret 以 volume 的形式挂载到部署配置中，如下：

```
$ oc get dc| grep nodejs-ex
NAME          REVISION   DESIRED   CURRENT   TRIGGERED BY
node-canary   2
nodejs-ex     16         1         1         config,image(nodejs-ex:latest)
```

```
$ oc volume dc/nodejs-ex --add -t secret --secret-name=ssl-secret -m /etc/keys
    --name=ssl-keys deploymentconfigs/nodejs-ex
```

添加 volume 后会触发 Pod 的重新部署，通过以下命令去验证 Secret 是否被挂载：

```
$ oc describe pod nodejs-ex-21-apdcg
Name:              nodejs-ex-21-apdcg
Namespace:         node-dev
Security Policy:   restricted
Node:              192.168.65.2/192.168.65.2
Start Time:        Sat, 22 Oct 2016 15:48:26 +1100
Labels:            app=nodejs-ex
                   deployment=nodejs-ex-21
                   deploymentconfig=nodejs-ex
Status:            Running
IP:                172.17.0.13
Controllers:       ReplicationController/nodejs-ex-21
Containers:
  nodejs-ex:
    Container ID:  docker://255be1c595fc2654468ab0f0df2f99715ac3f05d1773d05c59a18534051f2933
    Image:         172.30.18.34:5000/node-dev/nodejs-ex@sha256:891f5118149f1f134330d1ca6fc9756ded5dcc6f810e251473e3eeb02095ea95
    Image ID:      docker://sha256:6a0eb3a95c6c2387bea75dbe86463e31ab1e1ed7ee1969b446be6f0976737b8c
    Port:          8080/TCP
    State:         Running
      Started:     Sat, 22 Oct 2016 15:48:27 +1100
    Ready:         True
    Restart Count: 0
```

```
Volume Mounts:
    /etc/keys from ssl-keys (rw)
    /var/run/secrets/kubernetes.io/serviceaccount from default-
      token-lr5yp
    (ro)
    Environment Variables:    <none>
Alternatively:
  $ oc get pod nodejs-ex-21-apdcg -o \
    jsonpath="{.spec.containers[*]['volumeMounts']}"

  [{ssl-keys false /etc/keys } {default-token-lr5yp true /var/run/secrets/
  kuber-netes.io/serviceaccount }]
```

Secret 包含的文件已经存在于/etc/keys 目录下。

```
$ oc rsh nodejs-ex-22-8noey ls /etc/keys


certs keys
```

以环境变量的形式进行挂载

OCP 还支持将 Secret 以环境变量的形式挂载。首先，创建 Secret：

```
$ oc secret new env-secrets username=user-file password=password-file

secret/env-secrets
```

然后添加到部署配置中：

```
$ oc set env dc/nodejs-ex --from=secret/env-secrets


deploymentconfig "nodejs-ex" updated


$ oc describe pod nodejs-ex-22-8noey
```

```
Name:           nodejs-ex-22-8noey
Namespace:      node-dev
Security Policy: restricted
Node:           192.168.65.2/192.168.65.2
Start Time:     Sat, 22 Oct 2016 16:37:35 +1100
Labels:         app=nodejs-ex
                deployment=nodejs-ex-22
                deploymentconfig=nodejs-ex
Status:                 Running
IP:                                     172.17.0.14
Controllers:            ReplicationController/nodejs-ex-22
Containers:
  nodejs-ex:
    Container ID:   docker://a129d112ca8ee730b7d8a41a51439e1189c7557fa917a852c50e539903e2721a
    Image:          172.30.18.34:5000/node-dev/nodejs-ex@sha256:891f5118149f1f134330d1ca6fc9756ded5dcc6f810e251473e3eeb02095ea95
    Image ID:       docker://sha256:6a0eb3a95c6c2387bea75dbe86463e31ab1e1ed7ee1969b446be6f0976737b8c
    Port:           8080/TCP
    State:          Running
    Started:        Sat, 22 Oct 2016 16:37:36 +1100
    Ready:          True
    Restart Count:  0
    Volume Mounts:
      /var/keys from ssl-keys (rw)
      /var/run/secrets/kubernetes.io/serviceaccount from default-token-
```

```
    lr5yp(ro)
  Environment Variables:
    PASSWORD:    <set to the key 'password' in secret 'env-secrets'>
    USERNAME:    <set to the key 'username' in secret 'env-secrets'>
$ oc env dc/nodejs-ex --list
# deploymentconfigs nodejs-ex, container nodejs-ex
# PASSWORD from secret env-secrets, key password
# USERNAME from secret env-secrets, key username
```

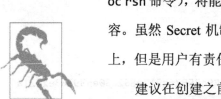

需要注意的是，如果用户能够访问 Pod（例如，通过使用 oc rsh 命令），将能够在环境变量或卷挂载中查看 Secret 的内容。虽然 Secret 机制确保 Secret 的数据永远不会存储在节点上，但是用户有责任确保内容的保密。

建议在创建之前对 Secret 的内容进行加密或混淆。Secret 作为 base64 编码的字符串存储在 etcd 数据存储中，在某些环境中可能不够安全。

额外说明

Secret 只计划存储少量的数据，每个 Secret 的最大大小限制为 1 MB。从管理员的角度来看，可以通过 OpenShift resourcequota 来控制创建 Secret 的数量

Secret 不会跨命名空间或项目共享，需要在每个环境中创建。Secret 也需要在 Pod 使用它们之前被创建出来，如果 Secret 不存在，那么 Pod 将无法启动。

注入的 Secret 也具有幂等性，因为任何外部变化，如修改或删除，都不会反映在所依赖的 Pod 中。Secret 的任何更新，需要重新启动相关的 Pod 才能够生效。

Secret 主要用于二进制配置项，如 SSL 密钥和证书，以及用户名和密码。对于

基于字符串的配置，ConfigMap 会更适合。

ConfigMap

ConfigMap 与 Secret 非常相似，但包含的是基于文本的非敏感配置。与 Secret 类似，可以将它们作为卷挂载到文件系统中，或者将它们设置为环境变量，注入到 Pod 中。

ConfigMap 与 Secret 之间的一个主要区别是它们如何处理更新。当 ConfigMap 的内容被更改时，会反映在它所挂载的 Pod 中，并且 Pod 文件系统中的文件内容也会被更改。但作为环境变量挂载的 ConfigMap 不会改变。

为了最大限度地利用这个特性，应该编写应用程序来获取动态更改配置文件的信息。有许多库可以帮助实现这一点，包括 Apache Commons 配置或 Java 的 Spring Cloud Kubernetes。

在一个 Pod 中同时使用 Secret 和 ConfigMap 也是很常见的，如图 5-1 所示。

创建 ConfigMap

可以创建包含一个或多个文本文件及字符串值的 ConfigMap：

```
$ oc create configmap test-config --from-literal=key1=config1 \
  --from-literal=key2=config2 --from-file=filters.properties

configmap "test-config" created
```

图 5-1　同一个 Pod 中的 Secret 和 ConfigMap

ConfigMap 以卷的形式挂载

我们还可以将 ConfigMap 作为可读的卷挂载到容器中：

```
$ oc volume dc/nodejs-ex --add -t configmap -m /etc/config --name=app-config \
    --configmap-name=test-config
deploymentconfigs/nodejs-ex
```

这个 ConfigMap 将作为文件存在 /etc/config 目录中。

```
$ oc rsh nodejs-ex-26-44kdm ls /etc/config
filters.properties  key1  key2
```

动态更改 ConfigMap（删除或重建），使用它的 Pod 会自动更新，不需要重新启动 Pod：

```
$ oc delete configmap test-config
configmap "test-config" deleted
```

```
$ oc create configmap test-config --from-literal=key1=config3 \
    --from-literal=key2=config4 --from-literal=key3=test \
    --from-file=filters.properties

configmap "test-config" created

$ oc rsh nodejs-ex-26-44kdm ls /etc/config

filters.properties  key1  key2  key3
```

ConfigMap 以环境变量的形式挂载

OCP 也可以将 ConfigMap 作为环境变量挂载（图 5-2）：

图 5-2　环境变量

```
$ oc set env dc/nodejs-ex --from=configmap/test-config

deploymentconfig "nodejs-ex" updated
```

```
$ oc describe pod nodejs-ex-27-mqurr
Name:           nodejs-ex-27-mqurr
Namespace:      node-dev
Security Policy:        restricted
Node:       192.168.65.2/192.168.65.2
Start Time:     Sat, 22 Oct 2016 21:15:57 +1100
Labels:         app=nodejs-ex
                deployment=nodejs-ex-27
                deploymentconfig=nodejs-ex
Status:         Running
IP:     172.17.0.13
Controllers:    ReplicationController/nodejs-ex-27
Containers:
  nodejs-ex:
    Container ID:       docker://
b095481dfae40855815afe46dc61086957a99c907edb5a26fed1a39ed559e725
    Image:          172.30.18.34:5000/node-dev/nodejs-
ex@sha256:891f5118149f1f134330d1ca6fc9756ded5dcc6f810e251473e3eeb02095ea95
    Image ID:       docker://
sha256:6a0eb3a95c6c2387bea75dbe86463e31ab1e1ed7ee1969b446be6f0976737b8c
    Port:           8080/TCP
    State:          Running
      Started:          Sat, 22 Oct 2016 21:15:59 +1100
    Ready:          True
    Restart Count:  0
    Volume Mounts:
      /etc/config from app-config (rw)
      /var/run/secrets/kubernetes.io/serviceaccount from default-token-
```

```
   lr5yp(ro)
Environment Variables:
   FILTERS_PROPERTIES:    <set to the key 'filters.properties' of config
                           map 'test-config'>
   KEY1:                  <set to the key 'key1' of config map 'test-config'>
   KEY2:                  <set to the key 'key2' of config map 'test-config'>
```

环境变量

如前所述，Secret 和 ConfigMap 都可以作为环境变量添加到 Pod 中，还可以显式地添加和删除环境变量。

添加、删除和修改环境变量将触发 ConfigChange 触发器。参见"更改触发器"部分内容。

添加环境变量

下面的命令向部署配置中添加了一些单独的环境变量，因此它将作用在这个部署配置下的所有 Pod 中：

```
$ oc set env dc/nodejs-ex ENV=TEST_ENV DB_ENV=TEST1 AUTO_COMMIT=true

deploymentconfig "nodejs-ex" updated

$ oc set env dc/nodejs-ex –list
```

```
# deploymentconfigs nodejs-ex, container nodejs-ex
AUTO_COMMIT=true
DB_ENV=TEST1
ENV=TEST_ENV
```

删除环境变量

如以下范例所示，删除环境变量。假设配置更改，启用触发器，将再次重新启动部署配置控制下的 Pod（我们将在下一节中对此进行进一步讨论）。

```
$ oc set env dc/nodejs-ex DB_ENV-

deploymentconfig "nodejs-ex" updated

$ oc env dc/nodejs-ex –list

# deploymentconfigs nodejs-ex, container nodejs-ex
AUTO_COMMIT=true
ENV=TEST_ENV
```

可以同时添加和删除环境变量：

```
$ oc env dc/nodejs-ex ENV=TEST_ENV  AUTO_COMMIT- MOCK=FALSE

deploymentconfig "nodejs-ex" updated

$ oc env dc/nodejs-ex –list

# deploymentconfigs nodejs-ex, container nodejs-ex
ENV=TEST_ENV
MOCK=FALSE
```

更改触发器

OpenShift 的部署配置中，目前支持两种方式更改触发器，如果触发其一，部署配置将重新启动其控制下的 Pod。

- 镜像修改触发器。

当底层镜像流发生更改（例如，新建或导入）时触发。

- 配置修改触发器。

更改 DeploymentConfig 内的 Pod 模板配置时触发。

可以禁用一个触发器，或者将两个全部禁用。如果需要进行一些配置更改，例如，添加 ConfigMap 和 Secret，那么最好禁用配置，修改触发器，添加所需的资源，然后重新启用触发器。

在下面的示例中，请注意 Pod 名称。如果配置修改触发器被禁用，那么除非通过 `oc deploy` 命令重新启动 Pod，否则 Pod 将不会被重启，而如果启用了配置修改触发器，则在每次更改配置之后都会自动重新启动 Pod：

```
$ oc set triggers dc/nodejs-ex --from-config –remove

deploymentconfig "nodejs-ex" updated

$ oc get pods

NAME                  READY    STATUS    RESTARTS   AGE
nodejs-ex-35-iyefb    1/1      Running   0          9m

$ oc volume dc/nodejs-ex --add -t secret --secret-name=ssl-secret -m
   /etc/keys
  --name=ssl-keys
```

```
deploymentconfigs/nodejs-ex

$ oc volume dc/nodejs-ex --add -t configmap -m /etc/config --name=app-config \
    --configmap-name=test-config

deploymentconfigs/nodejs-ex

$ oc env dc/nodejs-ex ENV=TEST_ENV DB_ENV=TEST1 AUTO_COMMIT=true

deploymentconfig "nodejs-ex" updated
$ oc get pods

NAME                    READY       STATUS      RESTARTS    AGE
nodejs-ex-35-iyefb      1/1         Running     0           9m

$ oc set triggers dc/nodejs-ex --from-config

deploymentconfig "nodejs-ex" updated

$ oc get pods

NAME                    READY       STATUS      RESTARTS    AGE
nodejs-ex-35-iyefb      1/1         Running     0           9m  <-- Not restarted

$ oc deploy dc/nodejs-ex -latest

Started deployment #36
```

```
Use 'oc logs -f dc/nodejs-ex' to track its progress.

$ oc get pods


NAME                    READY     STATUS     RESTARTS    AGE
nodejs-ex-36-px3nq      1/1       Running    0           4s   <-- Pod restarted


$ oc env dc/nodejs-ex –list

# deploymentconfigs nodejs-ex, container nodejs-ex
ENV=TEST_ENV
DB_ENV=TEST1
AUTO_COMMIT=true


$ oc volumes dc/nodejs-ex

deploymentconfigs/nodejs-ex
  secret/ssl-secret as ssl-keys
    mounted at /etc/keys
  unknown as app-config
    mounted at /etc/config
```

标签与注释

OpenShift/Kubernetes 最强大的特性之一是平台对元数据的支持。可以使用两种主要机制来配置和访问元数据：

- 标签；

- 注释。

标签是附加到资源上的键值对组成的元数据。标签用于给用户关联的对象添加属性，并可用于反映体系结构或组织概念。标签可以与标签选择器一起使用，唯一地标识单个资源或资源组。

标签示例

- Release；
- Environment；
- Relationship；
- DMZBased；
- Tier；
- Node types；
- User type。

注释类似于标签，但主要涉及附加的非标识信息，这主要被工具或库等其他客户端使用，注释没有选择器的概念。

注释示例

- *example.com/skipValidation=true*；
- *example.com/MD5Checksum=23798FGH*；
- *example.com/BUILDDATE=3479845*。

Downward API

Downward API 是一种机制，Pod 可以检索元数据，而无须调用 Kubernetes API。可以检索以下元数据并用于配置运行的 Pod：

- 标签（Label）；
- 注释（Annotation）；
- Pod 名称，命名空间和 IP 地址；
- Pod CPU/内存请求和限制信息。

某些信息可以作为环境变量挂载到 Pod，而其他信息可以作为卷中的文件访问。表 5-1 列出了元数据及它们的访问方式。

表 5-1 Downward API 源

项目	描述	环境变量	卷
name	Pod 名称	是	是
namespace	Pod 命名空间	是	是
podIP	Pod IP 地址	是	否
labels	附在 Pod 上的标签	否	是
annotations	附在 Pod 上的注释	否	是
resources	CPU、内存请求和限制	是	是

使用 Downward API 需要在部署配置中添加环境变量或挂载卷。下面的 Pod 给出了使用示例：

```
kind: Pod
  apiVersion: v1
  metadata:
    labels:
      release: 'stable'
      environment: 'pre-prod'
      relationship: 'child'
      dmzbased: 'false'
      tier: 'front1'
    name: downward-api-pod
    annotations:
      example.com/skipValidation: 'true'
```

```
        example.com/MD5Checksum: '23798FGH'
        example.com/BUILDDATE: '3479845'
    spec:
      containers:
        - name: volume-test-container
          image: gcr.io/google_containers/busybox
          command: ["sh", "-cx", "cat /etc/labels /etc/annotations;env"]
          volumeMounts:
            - name: podinfo
              mountPath: /etc
              readOnly: false
          env:
            - name: MIN_MEMORY
              valueFrom:
                resourceFieldRef:
                  resource: requests.memory
            - name: MAX_MEMORY
              valueFrom:
                resourceFieldRef:
                  resource: limits.memory
      volumes:
        - name: podinfo
          metadata:
            items:
              - name: "labels"
                fieldRef:
                  fieldPath: metadata.labels
              - name: "annotations"
                fieldRef:
```

```
            fieldPath: metadata.annotations
      restartPolicy: Never
```

使用前面的 Pod 文件内容进行创建,将产生以下输出。

```
$ oc create -f metadata-pod.yaml

pod "downward-api-pod" created

$ oc logs downward-api-pod

+ cat /etc/labels /etc/annotations
dmzbased="false"
environment="pre-prod"
relationship="child"
release="stable"
tier="front1"example.com/BUILDDATE="3479845"
example.com/MD5Checksum="23798FGH"
example.com/skipValidation="true"
kubernetes.io/config.seen="2016-10-25T02:15:31.335189599-04:00"
kubernetes.io/config.source="api"
openshift.io/scc="restricted"
+ env
MIN_MEMORY=33554432
MAX_MEMORY=67108864
.
.
.
```

使用该特性的一个示例是,在应用程序启动脚本中可以使用最大内存和最小内存设置来配置 Java -Xmx -Xms 内存。

处理大型配置数据集

在 OpenShift 中，Secret 和 ConfigMap 存储在底层 etcd 中。对于特定类型的应用程序，配置数据可能是几百兆字节或更大，特别需要大量图片的应用程序或使用大量的二进制数据。

最好在 etcd 之外存储这种大小的配置。有两种方法可以帮助客户实现这一点，即持久卷和分层镜像构建。

持久卷

OpenShift 支持具有持久卷（PV）和持久卷声明（PVC）的有状态应用程序。PV 是挂载到运行 Pod 中的共享存储卷。PV 支持多种不同的存储协议（例如 iSCSI、AWS EBS 卷、NFS 等）。PVC 是 Pod 初始化时检索和挂载卷的清单，有不同类型的访问模式（即读写一次、只读、多读多写）。

要处理大型配置文件，一种方法是将配置复制到 PV 上，并使用多读多写访问模式将存储挂载到相关的 Pod。但是，请注意，OpenShift 不会检测到对配置文件的更改，因此，如果需要，必须手动重启 Pod。

镜像分层

OpenShift 支持分层方式来构建镜像。分层镜像是由不同的二进制或者数据层组成的，每一层构建在上一层之上。

大多数情况下，这种方法由操作系统和应用程序提供标准容器操作环境。它还可以扩展以合并配置数据。

与前面讨论的 Downward API 方法一起使用，配置可以根据环境或者命名空间动态切换，如图 5-3 所示。

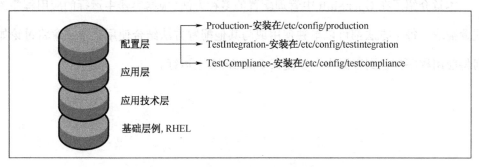

图 5-3　分层镜像和 Downward API

这种方法有很多优点：

- 只有一个被管理的镜像。
- 镜像存储在镜像仓库中。
- 不影响 etcd 存储，因此，大量的配置数据可以存储在镜像中。

这种方法的缺点如下：

- 更改的不灵活性，以及为了修改配置而进行镜像构建。
- 打破了不使用应用程序镜像存储配置的最初建议。

当容器包含应用程序和相关的国际化帮助文档时，可以使用这种方法，因为其他方法加载这些文件或文档比较麻烦；或者，当在不同 OCP 集群之间推广时，容器镜像需要完全包含配置内容（例如，开发和生产中两个集群是分离的，只有一个共同的镜像仓库）。

总结

本章介绍了在 OpenShift 中管理配置的多种方法。根据容器中运行的应用程序的配置需求，每个方法都可以单独使用或与其他配置方法结合使用。下一章将讨论如何将应用程序打包到容器中，以便在 OpenShift 上运行。

第 6 章
构建自定义镜像

在 OpenShift 中，正在运行的应用程序只是 Pod 中运行的一个或多个容器镜像，将应用程序打包成一个可运行的容器镜像就称为镜像构建。

镜像构建

在 OpenShift 中，构建可运行容器镜像的过程称为镜像构建。

镜像构建的过程涉及从某些源码仓库中提取应用的源代码或二进制文件，编译代码，并将可执行文件放到基础镜像中。

构建成功后，容器镜像将被上传到 OpenShift 镜像仓库中，并在部署阶段使用。

构建策略

构建运行时镜像的方法被称为构建策略，OpenShift 支持多种构建策略：

源码构建（S2I）

源码构建（S2I）使用开源的源码构建工具，从指定的源码文件位置，将源代码或二进制文件放到基础的容器镜像中，达到可重复构建的目的。

Docker

通过 Dockerfile 来构建镜像。

管道

使用开源的 Jenkins 持续集成平台来构建容器镜像，开发者需要提供包含必要构建命令的 Jenkinsfile。

自定义

允许开发者提供一个定制化的构建镜像来构建运行时镜像。

构建源

源是构建过程中使用到文件的地址，目前有四种源，但并不是所有的源都可以在每个构建策略中使用的。

Git

构建配置中包含 Git 协议的仓库地址，来下载应用程序的源文件。

Dockerfile

构建配置中包含一个 Dockerfile，来构建应用镜像。

Image

构建配置引用的文件存储在另一个镜像中。镜像构建的一些过程就是将这些文件从源镜像复制到目的镜像中。

二进制

文件以二进制的形式从本地文件系统复制到构建镜像中。

构建配置

构建配置控制着构建的过程。构建配置中包含构建策略、源文件,如 Git 的地址、使用的构建镜像和输出镜像。可以通过运行下面的命令来创建构建配置:

```
$ oc new-app https://github.com/openshift/nodejs-ex

[...output skipped...]

$ oc get bc/nodejs-ex -o yaml

apiVersion: v1
kind: BuildConfig
metadata:
  annotations:
    openshift.io/generated-by: OpenShiftNewApp
  creationTimestamp: 2017-01-30T21:18:02Z
  labels:
    app: nodejs-ex
  name: nodejs-ex
  namespace: test-project
  resourceVersion: "26555"
  selfLink: /oapi/v1/namespaces/test-project/buildconfigs/
           nodejs-ex
  uid: 9521be5e-e731-11e6-b3e5-eed674f91078
spec:
```

```
      nodeSelector: null
      output:
        to:
          kind: ImageStreamTag
          name: nodejs-ex:latest                    ①
      postCommit: {}
      resources: {}
      runPolicy: Serial
      source:
        git:
          uri: https://github.com/openshift/nodejs-ex    ②
        type: Git
      strategy:
        sourceStrategy:
          from:
            kind: ImageStreamTag
            name: nodejs:4                          ③
            namespace: openshift
        type: Source                                ④
      triggers:
      - github:
          secret: cMROkbapdsuPwt5IX6-d
          type: GitHub
      - generic:
          secret: ff-Nsmz2z45Isx29GknH
          type: Generic
      - type: ConfigChange
      - imageChange:
          lastTriggeredImageID: centos/nodejs-4-
```

```
        centos7@sha256:f437d0de54a294d19f84d738e74dc1aef70403fbe479316018fb
               43edcdafbf92
        type: ImageChange
    status:
      lastVersion: 1
```

要特别说明的是:

① 结果镜像被输出到 OCP 的镜像仓库 nodejs-ex:latest 中。

② 源代码是地址为 *https://github.com/openshift/nodejs-ex.git* 的 Git 仓库的 master 分支。

③ 构建镜像是 `nodejs:4`。

④ 使用源码构建（S2I）的策略。

另请注意，我们在命令中未指定要使用的构建镜像。这是因为在对 Git repo 中的源文件进行检查时，S2I 可执行文件自动确定了这一点。

除非另有说明，否则 `oc new-app` 命令将扫描提供的 Git 仓库，如果找到 Dockerfile，则将使用类型为 Docker 的构建策略；否则将使用源码构建策略，并将配置 S2I 构建器。

如果 `oc new-app` 命令在 Git 仓库中发现了 Dockerfile，那么构建配置将包含：

```
  ...
  strategy:
    dockerStrategy:
      from:
        kind: ImageStreamTag
```

```
            name: centos:latest
        type: Docker
    ...
```

创建构建配置

镜像构建可以通过 OpenShift UI 或命令行工具来创建，你可以通过下面的命令来操作：

```
$ oc new-build
openshift/nodejs-010-centos7~https://github.com/openshift/nodejs-
    ex.git
        --name='newbuildtest'
```

另外，你也可以这样使用：

```
$ oc new-app
openshift/nodejs-010-centos7~https://github.com/openshift/nodejs-
    ex.git
        --name='newapptest'
```

`oc new-build` 和 `oc new-app` 在功能上有些相似，都会创建构建配置和镜像流，但是，`oc new-app` 创建额外的配置，如服务和部署配置。

源码镜像

在构建和部署多个应用程序时，需要考虑的一个建议是限制 DevOps 团队使用多个不同构建机制。在 OpenShift 平台上构建应用程序时也是如此。最佳实践是拥有一组构建器镜像，这些构建器镜像可以在部署到平台上的应用程序之间重用。

OpenShift 提供了许多开箱即用的功能（如图 6-1 所示）。

源码构建（S2I）类型的主要组件如下。

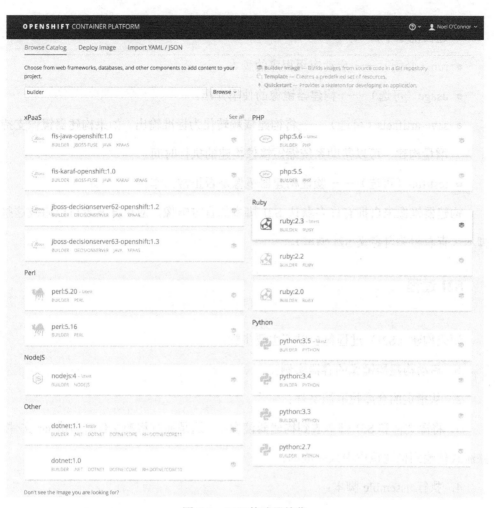

图 6-1 OCP 构建器镜像

构建器镜像

这个容器镜像提供应用的安装和运行时依赖。

S2I 脚本

有许多 S2I 的脚本：

- assemble（必须）——处理注入的工作（比如，将应用程序编译或安装到构建器镜像中)。
- run（必须）——启动应用程序的脚本。
- usage（可选）——构建器镜像的使用介绍。
- save-artifacts（可选）——将构建依赖转化为标准输出。如果构建器镜像支持增量构建，可以帮助系统缩短镜像构建的执行时间。
- test/run（可选）——验证构建器镜像是否正常工作。

构建器镜像来自拥有许多默认 S2I 脚本的官方镜像，应用开发者可以修改这些脚本（查看相关自定义 S2I 脚本）。

S2I 过程

源码构建（S2I）过程包含以下主要步骤：

1．启动构建器镜像的容器实例；

2．从指定的仓库拉取源文件；

3．将源文件和 S2I 脚本放到构建器镜像中，这是通过将源文件打包成 tar 文件，并流式传输到构建镜像中来完成的；

4．执行 assemble 脚本；

5．将结果镜像推到 OCP 镜像仓库中，这个镜像的名称就是在构建配置中定义的镜像流。

OpenShift 附带了大量的构建器镜像（如 NodeJS，Ruby，Python，Dot Net 等）。这些构建器镜像执行源构建，在该构建中，构建器镜像下载源代码，编译，然后将已编译的源安装到目标镜像上。然而，有时我们更希望可以自定义镜像构建过程（例如，将应用程序二进制文件放置在特定位置）。

此处有两种自定义构建过程的方法：

- 自定义 S2I 脚本；
- 自定义 S2I 构建器。

默认情况下，注入的文件放在 /tmp 目录中，这个目录可以使用构建器镜像上的 *io.openshift.s2i.destination* 标签进行更改。同样，S2I 脚本的位置也可以通过 *io.openshift.s2i.scripts-url* 标签控制。

自定义 S2I 脚本

开发人员可以提供自己的 S2I 脚本（如 assemble，run 等）在 S2I 构建过程中使用，覆盖一些（如果不是全部）默认脚本。通过将脚本放在源代码跟目录的 *.s2i/bin* 目录中，脚本将由 S2I 进程注入构建器镜像，并在构建和后续执行阶段使用。

构建环境

.s2i 目录还可以包含名为 *environment* 的文件，该文件可用于将环境变量注入构建过程。这方面的一个示例是将自定义设置添加到构建过程中。该文件的格式是一个简单的键值对（key=value），也可以通过将环境变量添加到构建配置，通过 oc set env 命令来完成。例如：

```
$ oc set env bc/myapp OPTIMIZE=true
```

自定义 S2I 构建器

可以使用自己的构建器镜像和 S2I 脚本编写自己的自定义 S2I 构建器。我们将构建一个非常基本的 Java 构建器,来作为这个过程的演示。

自定义 S2I 构建器将执行以下操作:

1. 提供一个自定义的 Java 运行时环境;
2. 检索 S2I 进程注入 Java JAR 文件;
3. 将 JAR 文件复制到运行脚本中指定的执行路径下;
4. 执行运行脚本。

此示例将从 Git 存储库中检索二进制文件,通常不建议将二进制文件放在源代码仓库中,这里只用于举例说明。

构建器镜像

构建器镜像是一个 Dockerfile,它安装所需的依赖来构建和运行应用程序:

```
FROM centos:latest                                                    ①
MAINTAINER noconnor@redhat.com

RUN yum install -y java wget mvn --setopt=tsflags=nodocs && \
    yum -y clean all                                                  ②

LABEL io.k8s.description="Platform for building and running Java8 apps" \
      io.k8s.display-name="Java8" \
      io.openshift.expose-services="8080:http" \
      io.openshift.tags="builder,java8" \
      io.openshift.s2i.destination="/opt/app" \
      io.openshift.s2i.scripts-url=image:///usr/local/s2i              ③
```

```
RUN adduser --system -u 10001 javauser
RUN mkdir -p /opt/app  && chown -R javauser: /opt/app
COPY ./S2iScripts/ /usr/local/s2i
USER 10001
EXPOSE 8080                                                   ④

CMD ["/usr/local/s2i/usage"]                                  ⑤
```

要特别说明的是：

① 基础镜像；

② 运行时依赖；

③ 描述构建器的标签，这些将用于填充 OpenShift UI 中的类别，查看 "S2I 标签"；

④ 暴露的应用端口；

⑤ 使用帮助。

S2I 标签

io.openshift.s2i.destination

S2I 进程放置应用程序文件的位置（例如，源代码或二进制文件）。

io.openshift.s2i.scripts-url

S2I 脚本的位置

还有一组镜像元数据标签可以帮助 OpenShift 管理容器的资源需求：

https://docs.openshift.com/container-platform/3.4/creating_images/metadata.html#defining-image-metadata。

S2I 脚本

assemble

在我们的示例中，*assemble* 脚本只复制注入的应用程序 Java JAR 文件，并将其移动到运行脚本所期望的文件系统位置。该脚本还将 JAR 文件重命名为 *openshift-app.jar*。

此镜像构建器仅支持二进制构建，不支持源构建。

```
#!/bin/bash -e
#
# S2I assemble script for the 'book-custom-s2i' image.
# The 'assemble' script currently only supports binary builds.
#
# For more information refer to the documentation:
# https://github.com/openshift/source-to-image/blob/master/docs/builder_image.md
#
if [ ! -z ${S2I_DEBUG} ]; then
        echo "turning on assemble debug";
    set -x
fi

# Binary deployment is a single jar
if [ $(ls /opt/app/src/*.jar | wc -l) -eq 1 ]; then
    mv /opt/app/src/*.jar /opt/app/openshift-app.jar
```

```
else
        echo "Jar not found in /opt/app/src/"
        exit 1
fi
```

run

运行（run）脚本只是执行 assemble 脚本，放置它的 Java JAR 文件，运行脚本作为生成镜像的默认启动命令。

```
#!/bin/bash -e
java ${JAVA_OPTS} -jar /opt/app/openshift-app.jar
```

S2I 构建过程是高度可定制的，可以满足多种构建类型。构建一个自定义 S2I 构建器镜像非常简单,过程是该构建器镜像检索应用的运行时文件，作为启动应用程序脚本的一部分。一个特殊情况是，如果文件存储库成为运行时的依赖，那么在发生部署错误时，可能会使应用程序的回滚变得复杂，因此我们应该尽量避免这种情况；所以在 S2I 构建过程中,建议使用应用程序二进制文件完全填充应用程序镜像。

添加一个构建器镜像

在 OpenShift 命令空间中构建一个构建器镜像,并存储在 OpenShift 镜像仓库中：

```
$ oc new-build https://github.com/devops-with-openshift/book-custom-s2i.git -n Openshift
```

默认情况下，构建器镜像仅在其创建的项目或者命名空间中可用，要使其可用于 OpenShift 集群中的所有项目，需要将其安装在 OpenShift 命名空间中。但是，默认的用户没有在 OpenShift 命名空间中创建镜像的权限，因此请确保你以 root 身份登录（例如，`oc login -u system: admin`）。

构建一个示例应用

这个例子使用我们已经安装好的构建器镜像，将一个示例应用 JAR 文件包部署到 OpenShift 中，在地址：*https://github.com/devops-with-openshift/ItemsWS* 的 app 目录下。

- 运行以下命令，创建一个工程。

  ```
  $ oc new-project bookprj --description='Custom Builder Example'
    --display-name='book project'
  ```

- 使用自定义构建器镜像部署应用程序，并指定 Git 地址。

  ```
  $ oc new-app book-custom-s2i~https://github.com/devops-with-openshift/ItemsWS \
    --context-dir='app'
  ```

- 创建路由。

  ```
  $ oc expose service itemsws
  ```

- 获取路由。

  ```
  $ oc get routes
  NAME      HOST/PORT                            PATH   SERVICES   PORT      TERMINATION
  itemsws   itemsws-bookprj.192.168.1.27.xip.io         itemsws    8080-tcp
  ```

使用浏览器访问路由，例如，*itemsws-bookprj.192.168.1.27.xip.io/items*。

你可以看到如图 6-2 所示的界面。

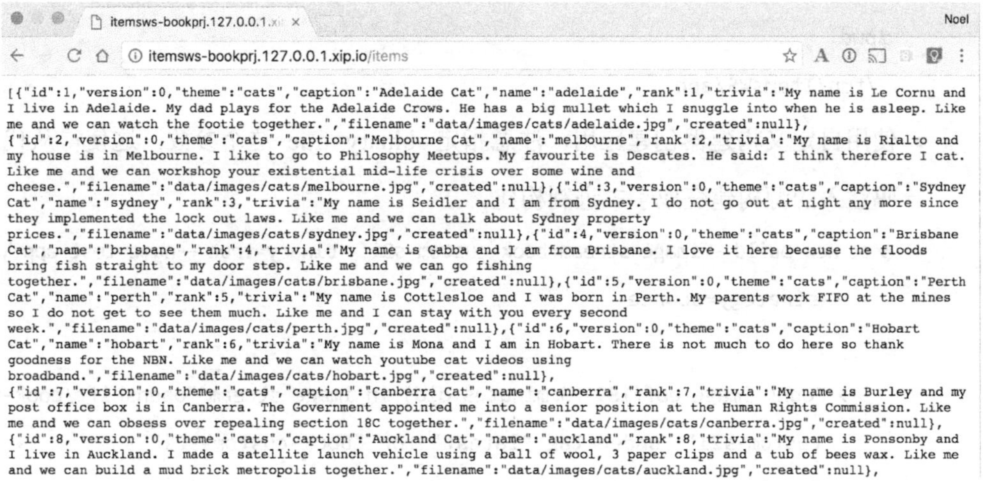

```
[{"id":1,"version":0,"theme":"cats","caption":"Adelaide Cat","name":"adelaide","rank":1,"trivia":"My name is Le Cornu and
I live in Adelaide. My dad plays for the Adelaide Crows. He has a big mullet which I snuggle into when he is asleep. Like
me and we can watch the footie together.","filename":"data/images/cats/adelaide.jpg","created":null},
{"id":2,"version":0,"theme":"cats","caption":"Melbourne Cat","name":"melbourne","rank":2,"trivia":"My name is Rialto and
my house is in Melbourne. I like to go to Philosophy Meetups. My favourite is Descates. He said: I think therefore I cat.
Like me and we can workshop your existential mid-life crisis over some wine and
cheese.","filename":"data/images/cats/melbourne.jpg","created":null},{"id":3,"version":0,"theme":"cats","caption":"Sydney
Cat","name":"sydney","rank":3,"trivia":"My name is Seidler and I am from Sydney. I do not go out at night any more since
they implemented the lock out laws. Like me and we can talk about Sydney property
prices.","filename":"data/images/cats/sydney.jpg","created":null},{"id":4,"version":0,"theme":"cats","caption":"Brisbane
Cat","name":"brisbane","rank":4,"trivia":"My name is Gabba and I am from Brisbane. I love it here because the floods
bring fish straight to my door step. Like me and we can go fishing
together.","filename":"data/images/cats/brisbane.jpg","created":null},{"id":5,"version":0,"theme":"cats","caption":"Perth
Cat","name":"perth","rank":5,"trivia":"My name is Cottlesloe and I was born in Perth. My parents work FIFO at the mines
so I do not get to see them much. Like me and I can stay with you every second
week.","filename":"data/images/cats/perth.jpg","created":null},{"id":6,"version":0,"theme":"cats","caption":"Hobart
Cat","name":"hobart","rank":6,"trivia":"My name is Mona and I am in Hobart. There is not much to do here so thank
goodness for the NBN. Like me and we can watch youtube cat videos using
broadband.","filename":"data/images/cats/hobart.jpg","created":null},
{"id":7,"version":0,"theme":"cats","caption":"Canberra Cat","name":"canberra","rank":7,"trivia":"My name is Burley and my
post office box is in Canberra. The Government appointed me into a senior position at the Human Rights Commission. Like
me and we can obsess over repealing section 18C together.","filename":"data/images/cats/canberra.jpg","created":null},
{"id":8,"version":0,"theme":"cats","caption":"Auckland Cat","name":"auckland","rank":8,"trivia":"My name is Ponsonby and
I live in Auckland. I made a satellite launch vehicle using a ball of wool, 3 paper clips and a tub of bees wax. Like me
and we can build a mud brick metropolis together.","filename":"data/images/cats/auckland.jpg","created":null},
```

图 6-2　REST Web Service 示例

替代方法

使用二进制构建方式来构建应用也是可行的，在这个例子中，我们假设示例程序已经从 GitHub 上复制到开发者的本地桌面，并且开发者在 bookprj2 这个项目中工作；使用以下命令创建工程：

$ oc new-project bookprj2

Now using project "bookprj2" on server "https://127.0.0.1:8443".

$cd /tmp

$git clone https://github.com/devops-with-openshift/ItemsWS

　　Cloning into 'ItemsWS'...

　　remote: Counting objects: 67, done.

　　remote: Total 67 (delta 0), reused 0 (delta 0), pack-reused 67

　　Unpacking objects: 100% (67/67), done.

　　Checking connectivity... done.

$cd ItemsWS/app

```
$pwd
/tmp/ItemsWS/app
```

- 使用自定义构建器创建应用，注意指定--binary=true 这个参数，这使得从代码注入的源构建变成了二进制构建。

```
$ oc new-build --image-stream=book-custom-s2i --binary=true --name=test-app \
    --strategy=source

--> Found image ebff189 (9 minutes old) in image stream "openshift/book-
    custom-s2i" under tag "latest" for "book-custom-s2i"
    Java8
    -----
    Platform for building and running Java8 applications

    Tags: builder, java8

    * A source build using binary input will be created
    * The resulting image will be pushed to image stream "test-app:latest"
    * A binary build was created, use 'start-build --from-dir' to trigger a
new build
  --> Creating resources with label build=test-app ...
    imagestream "test-app" created
    buildconfig "test-app" created
  --> Success
```

- 开始这个构建，命令行工具自动将 JAR 文件以流的形式构建镜像。

```
$ oc start-build test-app --from-file=ItemWS-0.0.1-SNAPSHOT.jar
Uploading file "ItemWS-0.0.1-SNAPSHOT.jar" as binary input for the build ...
build "test-app-1" started
```

- 检查构建完的镜像。

```
$ oc get is
NAME      DOCKER REPO                               TAGS     UPDATED
test-app  172.30.197.150:5000/bookprj2/test-app    latest   About a minute ago
```

- 运行构建完的镜像。

```
$ oc run test-app --image=172.30.197.150:5000/bookprj2/test-app
deploymentconfig "test-app" created
```

- 暴露路由。

```
$ oc expose dc/test-app --port=8080
service "test-app" exposed

$ oc expose service/test-app
route "test-app" exposed
```

可以通过 oc new-app 和 oc expose 命令来创建服务。

```
$ oc new-app test-app
--> Found image 424d88c (7 minutes old) in image stream "bookprj2/test-app"
    under tag "latest" for "test-app"

    bookprj2/test-app-1:88a4cf64
    ----------------------------
    Platform for building and running Java8 applications

    Tags: builder, java8
```

```
    * This image will be deployed in deployment config "test-app"
    * Port 8080/tcp will be load balanced by service "test-app"
    * Other containers can access this service through the hostname "test-app"
--> Creating resources ...
    deploymentconfig "test-app" created
    service "test-app" created
--> Success
    Run 'oc status' to view your app

$ oc expose svc/test-app

route "test-app" exposed
```

故障排查

两种方式可以查看镜像构建的日志：

- 在 start-build 命令后加上--follow 命令。

    `$ oc start-build test-app --from-file=ItemWS-0.0.1-SNAPSHOT.jar --follow`

- 构建时或构建完成后查看日志文件。

```
$ oc get builds
NAME            TYPE       FROM       STATUS            STARTED          DURATION
test-app-1      Source     Binary     Complete          25 hours ago     5s
test-app-2      Source     Binary     Complete          25 hours ago     5s
test-app-3      Source     Binary     Complete          25 hours ago     5s

$ oc logs build/test-app-3
I0101 12:45:05.275821
{"kind":"Build","apiVersion":"v1","metadata":{"name":"test-
```

app-3","namespace":"test",.........

S2I 构建过程也可以通过添加 BUILD_LOGLEVEL 环境变量来设置不同的日志级别。

```
$ oc set env bc/test-app BUILD_LOGLEVEL=5
```

日志级别从 0（仅输出错误日志）到 5（输出详细的 S2I 日志和 Docker 信息）自定义 S2I 脚本，可以通过设置 debug 标识来排查故障，在示例脚本中有一个环境变量 S2I_DEBUG，它打开 bash 跟踪，这个环境变量可以通过以下方式来设置：

- 构建配置中添加一个配置。

    ```
    $ oc set env bc/test-app S2I_DEBUG=true
    ```

- 或者添加在 app/.s2i/ 目录下的环境变量文件中。

    ```
    $cat ItemsWS/app/.s2i/environment
    S2I_DEBUG=true
    ```

总结

本章讨论了一些可以将应用程序分层到镜像中的方法。当读者在自己的环境中自定义构建过程的时候，希望这些概念和示例对读者实际工作有所帮助。

自定义 S2I 构建器展示的是一个非常基本的构建器，它有很多增强的功能和特性，可以让构建更可靠，达到生产可用。例如：

- 处理仓库中带密码的文件；
- 扩展构建；
- 使用私密凭证；
- 使用构建钩子；
- 并行构建。

更多信息，都在 Openshift 的官方文档有说明：*https://docs.openshift.com/*。

第7章
应用管理

在本章中,我们将探索在 OpenShift 上运行和操作容器工作负载时常见的管理监控工具和最佳实践。这包括诸如日志、监控、资源调度等主题,还包括如何设置配额和限制,帮助提高 OpenShift 集群中所有计算节点的资源利用率。

为帮助理解这些操作,在这里定义了三个层次。

针对操作系统基础设施的操作

计算、网络、存储和操作系统。

集群操作

关于 OpenShift 和 Kubernetes 的集群管理。

应用程序操作

部署、监控、日志等。

虽然我们更关注第三层,但在 DevOps 世界中,有一些重要的操作是由具有操作敏感性的开发人员执行的!

日志集成

在排除软件故障时，首先要查看的是日志文件。OpenShift 提供了对基础设施、构建、部署和运行时应用程序的日志的访问。基于容器的应用程序架构具有多层日志体系，这些日志由容器应用程序日志、守护进程日志和操作系统日志组成。

容器日志是短暂的

因为容器的生命周期是短暂的，所以将日志记录到容器本身的临时存储被认为是不合理的。容器每次重新启动时都会重新装载文件系统，通常，可以使用以下选项来收集应用程序容器日志：

- 通过数据 volume 进行日志记录。
- 通过 Docker 日志驱动进行日志记录。
- 通过专用日志容器进行日志记录。
- 通过 sidecar 容器方法进行日志记录。

OpenShift 通过 Docker 日志驱动程序记录应用程序日志。在 OpenShift 的最新版本中，Docker 被配置为使用 systemd 日志守护进程。Docker 日志驱动程序直接从容器的 STDOUT 和 STDERR 输出或读取日志。这种方法有几个好处：

- 容器不需要对日志文件进行读/写操作，从而提高性能；
- 日志事件存储在主机上，并绕过 Docker 日志守护进程；
- 可以启动节点日志轮询，并限制日志大小和速率；

- 可以使用 journalctl 检索容器日志。

使用 STDOUT 和 STDERR 的方式意味着你不需要在应用程序中配置特定的日志文件和目录。因此，如果你的应用程序使用不同的日志文件处理不同的事情，你可能需要添加其他日志字段来区分日志流中的这些内容。

查看每个 Pod 的日志可以通过 Web 界面，单击 Applications → Pods → Logs，或通过使用以下命令行：

```
oc logs -h
```

日志聚合

EFK 组件从 OpenShift 中运行的节点和应用程序 Pod 中聚合日志。

Elasticsearch

基于 Lucene 的日志存储和索引软件。

Fluentd

从节点收集日志，并将其提供给 Elasticsearch。

Kibana

Elasticsearch 的 web-ui。

EFK 组件的容器通常由集群管理员部署在具有特定权限的 OpenShift 命名空间中。

你需要使用`--logging=true`标记来运行 oc 集群,以启用聚合的日志服务。

还可以将日志记录集成到外部 ES 集群中,或者使用 Fluentd secure gorward 将其集成到其他日志解决方案中(如 Splunk、HDFS 或基于云的日志解决方案,如图 7-1 所示)。

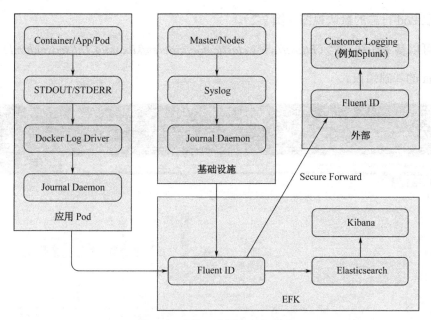

图 7-1 系统、应用和外部日志

一旦部署完毕,Fluentd 将所有节点、项目和 Pod 的日志聚合到 Elasticsearch(ES)中。它还提供了一个集中式的 Kibana web-ui,用户和管理员可以使用聚合的数据创建丰富的可视化图表和仪表板。

Fluentd 按照 JSON 格式批量上传日志,Elasticsearch 路由请求到日志分片以提供检索能力。基于角色的访问控制确保你只能看到具有查看或编辑访问权限的项目和命名空间的日志。集群管理员可以通过 Kibana 访问所有项目的日志。

Kibana

我们将应用程序扩展到两个 Pod，以探索 Kibana 的一些日志记录行为。当你深入查看 web-ui 中的 Pod，并选择 Logs→Archive Logs 链接时，你将定向到 Kibana，并获取 Pod 日志的默认视图（图 7-2）。

可以参考在线文档（*https://www.elastic.co/guide/en/kibana/4.1/discover.html*）了解 Kibana 的基础知识。

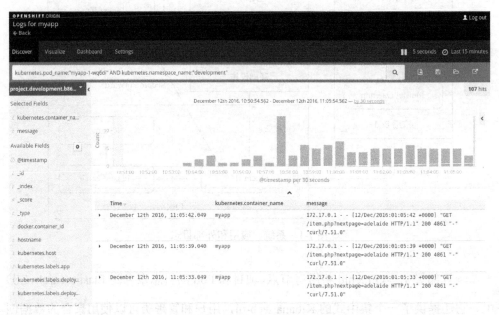

图 7-2　Kibana Pod 日志

我们的应用程序 Pod 日志由 Fluentd 用 OpenShift/Kubernetes 元数据进行了注释。

这对于 Kibana 中的过滤特别有用。通过在 Kibana 中选择一个日志条目，你可以看到用日志条目注释的所有数据类型（图 7-3）。

Table	JSON			
				Link to /project.development.b862dff7-bc4a-11e6-b9ae-525400b33d2a.2016.12.09/com.redhat.via
	@timestamp			December 9th 2016, 18:10:00.672
t	_id			AVjiodH2WLQfec5Pq2-X
t	_index			project.development.b862dff7-bc4a-11e6-b9ae-525400b33d2a.2016.12.09
#	_score			
t	_type			com.redhat.viaq.common
t	docker.container_id			ad87d28dd473fb37d45fc7d45887d7318948a13e2be1c6569bd6c8e716753403
t	hostname			192.168.133.5
t	kubernetes.container_name			myapp
t	kubernetes.host			192.168.133.5
t	kubernetes.labels.app			myapp
t	kubernetes.labels.deployment			myapp-1
t	kubernetes.labels.deploymentconfig			myapp
t	kubernetes.namespace_id			b862dff7-bc4a-11e6-b9ae-525400b33d2a
t	kubernetes.namespace_name			development
t	kubernetes.pod_id			b40b6e1f-bde6-11e6-a121-525400b33d2a
t	kubernetes.pod_name			myapp-1-pn3l4
t	message			172.17.0.1 - - [09/Dec/2016:08:10:00 +0000] "GET /item.php?nextpage=61 "-" "curl/7.51.0"
t	pipeline_metadata.collector.inputname			fluent-plugin-in_tail
t	pipeline_metadata.collector.ipaddr4			172.17.0.5
t	pipeline_metadata.collector.ipaddr6			fe80::42:acff:fe11:5
t	pipeline_metadata.collector.name			fluentd openshift
	pipeline_metadata.collector.received_at			December 9th 2016, 18:10:00.672
t	pipeline_metadata.collector.version			0.12.29 1.4.0

图 7-3　使用 Kubernetes 注释的单条日志

我们可以添加过滤器，使用过滤器创建搜索，以及保存搜索以供以后使用。OpenShift 在记录中提供 Kubernetes 元数据，因此可用于搜索数据，也可以在 Kibana Discover 视图的右上角更改时间范围。

常用的 Kibana 查询

让我们来看看一些常见的查询。我们为项目名称 *kubernetes.namespace_name* 定

义了一个过滤器:"*development*",在下面的示例中显示:

- 对于项目中单个应用程序的单个版本,在其所有的副本中,最后一小时的所有日志搜索如图 7-4 所示。

    kubernetes_labels_deployment:"<name of replication controller>"

图 7-4 单个应用、单个版本的最后一小时日志搜索

- 在我的项目的副本中,对于单个应用程序的所有版本,在最后一个小时中,所有日志搜索如图 7-5 所示。

    kubernetes_labels_deployment:"<name of deployment configuration>"

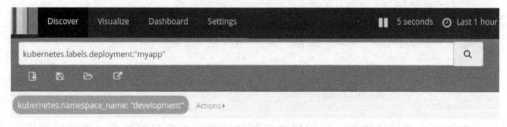

图 7-5 单个应用、所有版本的最后一小时日志搜索

- 在我的项目的副本中,最后一个小时,所有版本的应用程序的日志(分类为错误)搜索如图 7-6 所示。

    kubernetes_labels_deployment:"<name of deployment configuration>" && mesasge:"error"

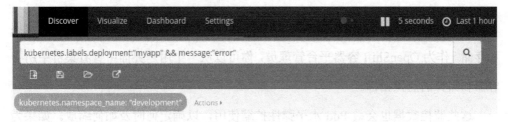

图 7-6　单个应用、所有版本的最后一小时错误日志检索

简单监控

通过部署集群监控，OpenShift 为单个 Pod 提供内存、CPU 和网络带宽监控，并为所有 Pod 副本提供聚合。

 你需要使用 `--metrics=true` 标记来启用监控服务，运行 oc 集群。

如图 7-7 所示，你还可以深入到各个 Pod，查看不同时间范围内的监控视图。

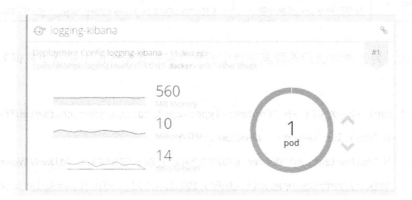

图 7-7　简单监控

每个 OpenShift 节点上的 kubelet 都可以暴露监控数据，被后端的 Heapster 收集和存储。作为 OpenShift 容器平台管理员，你可以从一个用户界面中查看集群中所有容器和组件的监控指标。

这些监控数据也会被 Pod 水平弹性扩缩使用，以确定何时及如何缩放。如果为项目定义了资源限制，那么你还可以看到每个 Pod 的资源图，Hawkular 将数据持久化（如果配置了的话）存储在 Cassandra 数据库中。

也可以直接查询 Hawkular metric API 端点。一些非常有用的资源包括：

- 监控文档：*https://github.com/openshift/origin-metrics/blob/master/docs/hawkular_metrics.adoc*。

- Hawkular REST 文档：*http://www.hawkular.org/docs/rest/rest-metrics.html*。

- Heapster 文档：*https://github.com/kubernetes/heapster/blob/master/docs/storage-schema.md*。

要查询监控数据，请在请求上设置表 7-1 所示的 HTTP 头。

表 7-1　Hawkular HTTP 查询头

Header	描述	值
Content-Type	所需的返回内容类型	application/json;charsetUTF-8
Hawkular-Tenant	OpenShift 项目名称	development
Authorization	oc whoaui-t 返回的令牌或服务账户令牌返回的令牌	Bearer L1D7XYL0oZk2v_ZuHKCZ3HUBkpu_AqlkvNV4VeAx_EY

因此，为了搜索我们的开发项目中的所有监控数据（而不是原始数据），可以使用：

```
$ curl -k -X GET -H 'Content-Type: application/json;charset=UTF-8' \
 -H 'Hawkular-Tenant:  development' \
 -H "Authorization: Bearer L1D7XYL0oZk2v_ZuHKCZ3HUBkpu_AqlkvNV4VeAx_EY" \
 'https://metrics-openshift-infra.192.168.133.5.xip.io/hawkular/metrics/metrics'
```

你将看到，收集的每个监控指标都有一个 ID，我们可以使用它来查询原始数据。让我们尝试查询其中一个 ID，查看 Heapster 文档，我们可以看到启动时间字段指的是容器启动以来的毫秒数。因此，我们可以使用前面输出的 ID 来查询 Pod 的启动时间，如下所示：

```
$ curl -k -X GET -H 'Content-Type: application/json;charset=UTF-8' \
  -H 'Hawkular-Tenant: development' \
  -H "Authorization: Bearer L1D7XYL0oZk2v_ZuHKCZ3HUBkpu_AqlkvNV4VeAx_EY" \
  https://metrics-openshift-infra.192.168.133.5.xip.io/hawkular/metrics/counters/pod%2Fde6e8516-c024-11e6-9789-525400b33d2a%2Fuptime/data
...
{
    "timestamp": 1481517550000,
    "value": 26478
},
{
    "timestamp": 1481517540000,
    "value": 15950
}
...
```

在 GET 请求末尾监控指标 ID 中，用 %2F 字符替换 URL 中的 /。

例如：

```
original id: pod/de627da6-c024-11e6-9789-525400b33d2a/uptime
query string: pod%2Fde6e8516-c024-11e6-9789-525400b33d2a%2Fuptime
```

你还可以将像 Grafana 这样的可视化层结合起来，在 Hawkular 监控之上定制动态的仪表盘图示。这里有一些很棒的博客文章展示了如何做到这一点。

http://www.hawkular.org/blog/2016/10/24/hawkular-metrics-openshift-and-grafana.html

资源调度

对于终端用户，OpenShift 默认配置提供了一个看似无限的集群资源池（计算、内存、网络），可以在开发、测试和部署应用程序时随意使用。

当然，集群管理员必须在项目之间管理和分配资源，否则，随着时间的推移，用户非常有可能消耗掉所有可用的集群资源！作为开发人员，你还可以在 Pod 和容器级别设置对计算资源的请求和限制。

对于用户来说，理解资源请求和限制是很重要的，这样团队使用的资源就不会超过其合理的份额。

如果你没有指定需要哪些资源，OpenShift 有哪些默认行为呢？

- 会被隔离（因为没有承诺可以为你的项目分配哪些资源）。
- 可能会得到默认值（这取决于集群和项目/命名空间的默认配置）。
- 可能会将内存耗尽（例如，如果工作负载运行的节点耗尽了资源）。
- 可能会导致 CPU 紧张（例如，可能需要 5 分钟来调度负载）。

如果你正在运行一个开发 Pod 或一些低优先级的工作负载，OpenShift 的默认行为可能是可接受的。当然，如果是生产项目，你肯定需要考虑项目所需的资源。常见的问题包括：

- 我的工作负载需要多少个副本？
- 我的工作负载在一段时间内需要多少 CPU/内存？
- 你是否应该为关键任务的最坏情况做好准备？

- 你是否应该为过度地提交用例做好准备？（并且有更高的失败率？）
- 你是否应该提供高密度、高质量的服务？

Kubernetes 调度器的核心是围绕容器级别的 CPU 和内存资源管理概念构建的。每个 OpenShift 节点都分配了一定数量的可调度内存和 CPU 配额。每个容器都可以选择请求多少内存和 CPU 配额。调度器是在节点上找到被分配的 CPU 配额和内存的最佳匹配。

调优行为涉及两个基本概念。

- request 值指定要保证的最小值。这对应于与 CGroups 共享的 CPU，用于确定当系统耗尽内存时，哪个容器应该首先被销毁。调度器还使用 request 值将 Pod 分配给节点。因此，如果节点能够满足 Pod 中所有容器的 request，则认为节点是可用的。
- limit 值指定你可以使用的最大值。这对应于 CGroup CPU 配额和内存限制（以字节为单位）。limit 是应用程序调优应该使用的值。

换句话说，request 用于调度容器，并提供最低限度的服务保证。limit 限制了节点上可能消耗的计算资源的数量。

调度器通过使用应用程序和节点最佳匹配的策略，尝试提高集群中所有节点的计算资源利用率。

对于复杂的分布式系统来说，为应用程序获得精确的基准测试非常困难。资源需求也将随时间而变化。目前，调度是基于 request 值的，并且，根据你应用的自身情况，资源使用也存在一些偶然情况。

你至少需要决定你的应用程序对 CPU 和内存的要求。

Best-Effort

request 值为 0（无限制）且没有设置 limit，这被归类为 Best-Effort。在资源有限的情况下，Best-Effort 的容器是最先被杀死的。

Guaranteed

request 值等于其 limit 的容器。这些容器不会因为资源限制而被杀死。

Burstable

request 小于其 limit 的容器。当资源有限时，如果资源的使用超过了设定（或默认）的请求值，则在"Best-Effort"之后被杀死。

让我们看看你可能考虑的工作负载的控件。

配额

下面部分的代码配置示例也可以在 GitHub 上找到。

https://github.com/devops-with-openshift/application-management-configs

你可以使用 `oc create -f` 来创建资源。

资源配额允许指定项目可以使用多少内存和 CPU。它们提供了限制每个项目总资源消耗的严格约束。

配额可以限制项目中可以创建对象的数量，以及该项目中可能使用的计算资源的总量。更多信息可参见产品文档（*https://docs.openshift.com/container-platform/3.4/devguide/ computeresources.html*）。

让我们向名为 *development* 的项目添加一些配额（硬性限制）（如果需要的话，可以继续创建一个新项目）：

```
$ oc login -u developer -p developer
$ oc new-project development --display-name='Development'
    --description='Development'
```

作为集群管理员，根据 OpenShift 对象计数创建一个配额。你可以指定对象类型：

```
$ oc login -u system:admin
```

```
$ oc create -n development -f - <<EOF
apiVersion: v1
kind: ResourceQuota
metadata:
  name: core-object-counts
spec:
  hard:
    pods: "4" ①
    configmaps: "5" ②
    persistentvolumeclaims: "2" ③
    replicationcontrollers: "10" ④
    resourcequotas: "4" ⑤
    secrets: "10" ⑥
    services: "5" ⑦
    openshift.io/imagestreams: "10" ⑧
EOF
```

① 项目中可以存在的 Pod 总数。

② 项目中可以存在的 ConfigMap 对象的总数。

③ 项目中可以存在的持久卷声明（PVC）的总数。

④ 项目中可以存在的复制控制器（rc）的总数。

⑤ 项目中可以存在的资源配额的总数。

⑥ 项目中可能存在的 Secret 总数。

⑦ 项目中可以存在的服务的总数。

⑧ 项目中可以存在的 *imagestream* 的总数。

任何用户都可以使用命令查询到这些信息（或者通过 web-ui 单击 Resources → Quota 查看）。

```
$ oc describe quota -n development
```

```
Name:                          core-object-counts
Namespace:                     development
Resource                 Used    Hard
--------                 ----    ----
configmaps               0       5
openshift.io/imagestreams 0      5
persistentvolumeclaims   0       2
pods                     0       4
replicationcontrollers   0       10
resourcequotas           1       4
secrets                  9       10
services                 0       5
```

现在让我们添加一些计算资源配额：

```
$ oc login -u system:admin
$ oc create -n development -f - <<EOF
  apiVersion: v1
  kind: ResourceQuota
  metadata:
    name: compute-resources
  spec:
    hard:
      pods: "4"          ①
      requests.cpu: "0.2"    ②
      requests.memory: 1Gi   ③
      limits.cpu: "0.2"      ④
      limits.memory: 1Gi     ⑤
EOF
```

① 项目中可以存在的处于非终止状态的 Pod 总数。

② 在非终止状态的所有 Pod 中，CPU request 的总和不能超过 0.2 core。

③ 在非终止状态下的所有 Pod 中，内存 request 的总和不能超过 1Gi。

④ 在非终止状态下的所有 Pod 中，CPU limit 的总和不能超过 0.2 个内核。

⑤ 在非终止状态下的所有 Pod 中，内存 limit 的总和不能超过 1Gi。

我们可以在描述中看到这些新的配额：

```
$ oc describe quota -n development


Name:              compute-resources
Namespace:         development
Resource           Used        Hard
--------           ----        ----
limits.cpu         0           200m
limits.memory      0           1Gi
pods               1           4
requests.cpu       0           200m
requests.memory    0           1Gi
...
```

配额范围

每个配额可以有一组相关的作用域。配额仅在范围匹配的情况下才会监控资源的使用情况。

如果你希望在你的配额中排除，或者包含构建或部署的 Pod（通过将范围设置为非终止或终止），或匹配 CPU 和内存所需的 Pod，这可能非常有用。

例如，在我们的项目中，将所有 Best-Effort 范围的 Pod 限制为一个（即没有设置限制和请求配额）：

```
$ oc login -u system:admin
```

```
$ oc create -n development -f - <<EOF
apiVersion: v1
kind: ResourceQuota
metadata:
  name: besteffort
spec:
  hard:
    pods: "1"
  scopes:
  - BestEffort
EOF
```

例如，通过将配额范围设置为非终止，我们可以避免部署 Pod 的资源（参见第 3 章）被算作消耗资源。

配额执行

一旦你创建了一个配额，当发出任何新的资源请求时就会被强制执行。定期计算项目的使用状态，在创建或修改配额时，会更新状态和限制。新资源请求受到硬配额的限制：

```
$ oc login -u developer -p developer
$ oc project development
$ oc new-app --name=myapp \
openshift/php:5.6~https://github.com/devops-with-openshift/cotd.git#master
$ oc expose --name=myapp \
  --hostname=cotd-development.192.168.137.3.xip.io \
service myapp
```

会发生什么事呢？没有 Pod 被创建。让我们检查一下项目的事件流：

```
$ oc get events
```

```
...
2s          11s         22       myapp-1    Build              Warning
FailedCreate    {build-controller }   Error creating: pods "myapp-1-build"
is forbidden: Failed quota: compute-resources: must specify limits.cpu,lim-
its.memory,requests.cpu,requests.memory
...
```

可以看到，由于我们的集群管理员已经指定了基于项目的配额，构建 Pod 会被禁止。我们需要为 CPU 或内存指定资源的值。我们可以在部署配置中指定单独的值，或者使用限制范围设置项目默认值。

限制范围和请求

限制范围是用于指定项目默认的 CPU/内存限制和请求的机制。如果资源值没有显示的设置约束支持默认值，则将默认值应用于资源。

使用集群管理员为项目定义一些默认的限制：

```
$ oc login -u system:admin
$ oc create -n development -f - <<EOF
apiVersion: "v1"
kind: "LimitRange"
metadata:
  name: "core-resource-limits"
spec:
  limits:
    - type: "Pod"
      max:
        cpu: "0.2"
        memory: "1Gi"
      min:
```

```
        cpu: "50m"
        memory: "6Mi"
    - type: "Container"
      max:
        cpu: "2"
        memory: "1Gi"
      min:
        cpu: "50m"
        memory: "4Mi"
      default:
        cpu: "50m"
        memory: "200Mi"
      defaultRequest:
        cpu: "50m"
        memory: "100Mi"
      maxLimitRequestRatio:
        cpu: "10"
EOF
```

限制由 Pod 和 Container 指定，指定最小/最大和默认 CPU/内存数量。我们构建的 Pod 现在基于默认限制运行：

```
$ oc get pods

NAME              READY     STATUS    RESTARTS   AGE
myapp-1-build     1/1       Running   0          4s
```

可以检查项目的限制：

```
$ oc get limits -n development
NAME                      AGE
```

```
core-resource-limits     1m

$ oc describe limits core-resource-limits -n development
Name:        core-resource-limits
Namespace: development
Type         Resource  Min   Max    Def Req  Def Lim  Max Lim/Req Ratio
---          --------  ---   ---    -------  -------  -----------------
Pod          memory    6Mi   1Gi    -        -        -
Pod          cpu       50m   200m   -        -        -
Container    memory    4Mi   1Gi    100Mi    200Mi    -
Container    cpu       50m   2      50m      50m      10
```

可以在 web-ui 中查看可视化的项目配额和限制（图 7-8）。

图 7-8　配额和限制

多项目配额

到目前为止，我们一直在研究每个项目的配额，也可以创建跨项目配额，或多项目配额。在创建这些多项目配额时，可以使用项目标签或注释。例如，让我们为所有项目的开发人员创建一个 Pod 配额：

```
$ oc login -u system:admin
$ oc create clusterquota for-user-developer \
    --project-annotation-selector openshift.io/requester=developer \
    --hard pods=8
```

普通用户可以读取并显示此集群配额：

```
$ oc login -u developer -p developer
$ oc describe AppliedClusterResourceQuota


Name:              for-user-developer <none>
Namespace:         <none>
Created:           35 seconds ago
Labels:            <none>
Annotations:
Label Selector:    <null>
AnnotationSelector: map[openshift.io/requester:developer]
Resource          Used       Hard
---               ---        ---
pods              6          8
```

应用

作为开发人员，你可能需要对应用程序进行一些更改，以使其适应其所在容器的大小。你可以从容器中读取 CGroup 限制并进行相应调整。例如，如果你是 Java 开发人员，你可以动态地将 MaxHeap 参数设置为该值的百分比：

```
CONTAINER_MEMORY_IN_BYTES=`cat /sys/fs/cgroup/memory/memory.limit_in_bytes`
```

例如：

```
$ oc exec myapp-1-ngadr cat /sys/fs/cgroup/memory/memory.limit_in_bytes
209715200
```

也可以使用 Kubernetes Downward API 将这个值注入到你的应用程序环境变量中：

```
env:
 - name: MEMORY_LIMIT
   valueFrom:
     resourceFieldRef:
       resource: limits.memory
```

通过动态调整应用程序内存需求的大小，可以更好地避免内存不足的事件。

驱逐和 Pod 重新调度

如果应用程序工作负载耗尽所有内存和计算资源，节点可能会变得不稳定。

通常在 Linux 上，当系统内存（RAM）变低时，会使用交换空间。交换空间通常由专用分区或文件组成，这比物理内存慢得多。

OpenShift 提供了一种驱逐策略的机制，这样节点就可以主动监视和防止计算资源完全耗尽。为了利用基于内存的驱逐，OpenShift 必须禁用交换分区：

```
$ swapoff -a
```

这允许节点存在内存压力时，将 Pod 从节点中驱逐，并在没有内存压力的替代节点上重新调度 Pod。驱逐策略在 *node_config.yaml* 文件中配置（这些也可以用 Ansible 设置）。支持软限制和硬限制。

配置驱逐策略的详细信息，请参阅产品文档。

https://docs.openshift.com/container-platform/3.4/adminguide/outofresourcehandling.html。

超卖

在非生产环境中（性能不是主要关注点），运维人员可能需要配置超卖（overcommit）计算资源。

调度是基于请求（request）的资源，而配额和硬限制指的是限制（limit）的资源，limit 可以比 request 设置高，request 和 limit 值设置的差别决定了超卖的级别。

如果节点调度了一个没有 request 的 Pod，或者该节点上所有 Pod 的 limit 总和超过了可用的机器容量，那么该节点就会被超卖。

在环境中配置超卖的详细信息，请参阅产品文档。
https://docs.openshift.com/container-platform/3.4/admin_guide/overcommit.html。

Pod 自动扩缩

除了通过手动调整 *deployment configuration* 或 *replication controller* 的 `replicas` 值来调整 Pod 的数量之外，OpenShift 还提供了基于集群监控的更高级的扩缩选择。

第一个是基于水平自动扩缩 Horizontal Pod Autoscaler（HPA）的。OpenShift 从属于 *replication controller* 或 *deployment configuration* 的 Pod 中收集监控数据，根据这些数据，自动增加或减少 Pod 数量。

使用以下命令为我们的应用程序创建 HPA：

```
$ oc autoscale dc myapp --min 1 --max 4 --cpu-percent=75
```

最小/最大 Pod 是指可放大或缩小的 replicas 的数量。

`--cpu-percent` 参数是每个 Pod 在理想情况下使用 CPU 占 request 值的百分比。

在创建 HPA 之后，它开始尝试查询 Pod 上的监控指标。Heapster 可能需要几分钟才能获得初始指标。

必须启用集群监控、配额和限制才能使 HPA 正常工作。

支持以下指标：CPU 利用率（占 CPU 请求值的百分比）。

自动扩缩只适用于完成阶段的最新部署。

查看产品文档（*https://red.ht/2nLR3ep*）。

最终，将在当前列中看到一个百分比：

```
$ oc get hpa myapp

NAME     REFERENCE               TARGET   CURRENT   MINPODS   MAXPODS   AGE
myapp    DeploymentConfig/myapp  75%      0%        1         4         2m
```

我们可以使用一个工具来为我们的 Web 应用程序生成流量——例如，Apache 服务器基准测试工具 **ab** 允许我们同时发出 2 000 个请求，并发为 1 000 个请求（你可能需要根据实际环境调整这些请求）：

```
$ while true; do ab -n 2000 -c 1000 \
-k http://myapp-development.192.168.133.3.xip.io/item.php; sleep 0.5; done
```

当 CPU 利用率随着 Pod 的负载增加而增加时，我们可以看到 HPA 随着 Pod 的增加而增加，在这种情况下最终达到 3 个 Pod（如图 7-9 所示）：

```
$ while true; do oc get hpa/myapp; sleep 5; done

NAME     REFERENCE               TARGET   CURRENT   MINPODS   MAXPODS   AGE
myapp    DeploymentConfig/myapp  75%      0%        1         4         2m
myapp    DeploymentConfig/myapp  75%      38%       1         4         5m
myapp    DeploymentConfig/myapp  75%      62%       1         4         6m
```

myapp	DeploymentConfig/myapp	75%	94%	1	4	15m ①
myapp	DeploymentConfig/myapp	75%	68%	1	4	24m
myapp	DeploymentConfig/myapp	75%	88%	1	4	30m ②
myapp	DeploymentConfig/myapp	75%	68%	1	4	1h

① 扩展到 2 个 Pod。

② 扩展到 3 个 Pod。

如果我们检查 web ui 中的配额和限制，还应该看到增加了相应的 CPU 和内存请求值，如图 7-10 所示。

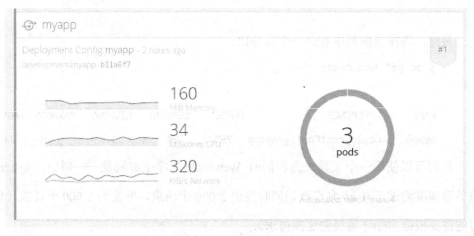

图 7-9　HPA 扩展的 Pod

你可能需要调整 ResourceQuota 计算资源——上调或者下调，或者调整 75% HPA 目标以匹配你的环境，以便在当前利用率没有达到目标的情况下查看 HPA 的工作情况。

图 7-10 HPA 配额和限制

OpenShift 的未来版本将提供更多可用的指标,并为自动扩展工作负载提供 HPA 以外的不同对象。

使用 Jolokia 基于 Java 应用程序的监控和管理

监控运行的 JEE 程序,一种标准方法是通过 JMX(Java 管理扩展程序)来暴露监控指标。托管的 Bean(或称 MBean)暴露了所有的监控数据,当然,你可以创建定制的 MBean 来监控你自己的特定的应用程序指标。

Jolokia 是一个开源的 Java 探针,它实现了一个 JMX-HTTP 桥接,因此你可以轻松地通过 HTTP 查询 JMX 资源。Jolokia 有一些很棒的特性,包括多平台支持、细粒度安全策略和批量请求。

OpenShift 提供的所有标准的 Java xPaaS 构建器镜像都集成了 Jolokia 探针，使用以下命令行在容器中可以暴露 Jolokia 探针的 8778 端口：

```
$ java -javaagent:/opt/jolokia/jolokia.jar=config=/opt/jolokia/etc/jolokia.
  prop-erties ...
```

OpenShift 提供了一个 API 代理，允许你安全地连接到在容器中运行的 Jolokia 探针上。让我们使用 OpenShift xPaaS Java S2I builder 镜像创建一个 springboot camel 应用程序，以便更详细地了解监控指标。

首先，确保以集群管理员身份导入 springboot camel 模板：

```
$ oc login -u system:admin
$ BASEURL=https://raw.githubusercontent.com/jboss-fuse/application-
templates/ application-templates-2.0.fuse-000027
$ oc replace --force -n openshift \
    -f ${BASEURL}/quickstarts/springboot-camel-template.json
```

然后，以普通用户身份使用 S2I 和模板创建应用程序：

```
$ oc login -u developer -p developer
$ oc new-project spring-boot-cxf-jaxrs --display-name="spring-boot-cxf-
  jaxrs" \
      --description="spring-boot-cxf-jaxrs"
$ oc new-app --template=s2i-springboot-camel \
    -p GIT_REPO="https://github.com/fabric8-quickstarts/spring-boot-cxf-
jaxrs.git" \
    -p GIT_REF=""
$ oc expose dc s2i-springboot-camel --port=8080 --generator=service/v1
$ oc expose svc s2i-springboot-camel
```

因为这是一个 REST web 服务示例应用程序，所以我们创建了一个路由，以便可以在外部访问 web 服务：

```
$ curl
```

http://s2i-springboot-camel-spring-boot-cxf-jaxrs.192.168.137.3.xip.io/
services/helloservice/sayHello/mike

Hello mike, Welcome to CXF RS Spring Boot World!!!

一旦成功完成构建，运行的 Pod 将公开 Jolokia 端口，我们可以在 web ui 中查看相关信息（如图 7-11 所示）。

```
Template
CONTAINER: S2I-SPRINGBOOT-CAMEL
    Image: spring-boot-cxf-jaxrs/s2i-springboot-camel d00e9a0  260.5 MiB
    Build: s2i-springboot-camel, #1
    Source: added local nexus 55335a1 authored by eformat
    Ports: 8778/TCP (jolokia)
    Mount: default-token-ypnsu → /var/run/secrets/kubernetes.io/serviceaccount
    Readiness Probe: GET /health on port 8081  10s delay, 1s timeout
    Liveness Probe: GET /health on port 8081  180s delay, 1s timeout
    Open Java Console
```

图 7-11　Jolokia 端口

更方便的是，OpenShift 还提供了一个打开 Java 控制台的链接。单击链接，打开 hawt.io web 控制台，显示 Jolokia 探针暴露的 JMX 属性视图。hawt.io 允许你管理和显示 Java 内容，所以如果你以前没有见过它，可以查看详细信息。

我们可以从命令行连接到 Jolokia，就像 hawt.io，有以下信息：

```
$ OAUTH_TOKEN=`oc whoami -t`     ①
$ MASTER_HOST=192.168.137.3      ②
$ POD_NAME=`oc get pods -l app=s2i-springboot-camel -o name`  ③
$ PROJECT_NAME=`oc project -q`   ④
```

① 已登录用户的 OAuth 令牌。

② OpenShift 集群的主 API 端点。

③ 通过 oc 命令获取应用程序 Pod 名称。

④ 通过 oc project 获取项目名称。

我们可以通过 OpenShift 代理查询 Jolokia 探针：

```
$ curl -k -H "Authorization: Bearer $OAUTH_TOKEN" \
```

https://$MASTER_HOST:8443/api/v1/namespaces/$PROJECT_NAME/pods/https:

$POD_NAME:8778/proxy/jolokia/

要返回 MBean 公开的 JMX 监控指标，我们需要知道要查询的属性的名称。你可以很容易地在 hawt.io web-ui 上通过选择 JMX 属性对象名找到；例如，我们正在运行的应用程序的 JMX Java 堆内存（如图 7-12 所示）。

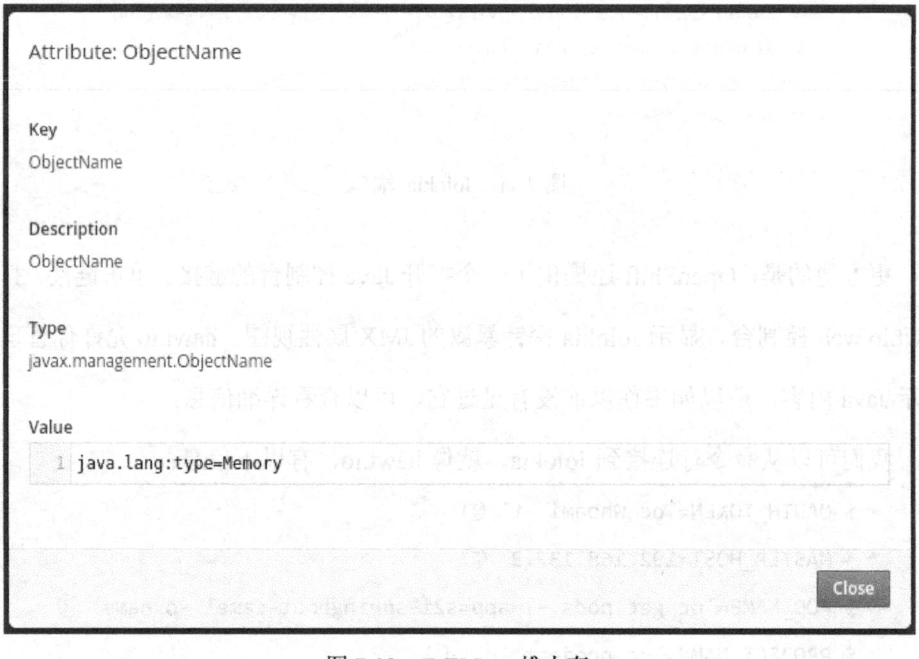

图 7-12　JMX Java 堆内存

让我们使用命令行来读取这个变量。

```
$ curl -k -H "Authorization: Bearer $OAUTH_TOKEN" \
```

```
https://$MASTER_HOST:8443/api/v1/namespaces/$PROJECT_NAME/pods/https:
$POD_NAME:8778/proxy/jolokia/read/java.lang:type=Memory/HeapMemoryUsage
...
{
  "request": {
    "mbean": "java.lang:type=Memory",
    "attribute": "HeapMemoryUsage",
    "type": "read"
  }, "value": {
    "init": 79691776,
    "committed": 458227712,
    "max": 1118830592,
    "used": 223657152
  },
  "timestamp": 1482884436,
  "status": 200
}
...
```

假设我们还对应用程序中的 HTTP 请求数和总线程数感兴趣，可以通过以下方式查询。

Object Name	Attribute	Description
java.lang:type=Memory	HeapMemoryUsage	Java Heap Memory usage
java.lang:type=Threading	ThreadCount	Java Total Thread Count
Tomcat:type=RequestProcessor,worker="http-nio-0.0.0.0-8080",name=HttpRequest1	requestCount	HTTP Request count for application

我们可以很容易地为它们创建一个自定义监控表，如图 7-13 所示（参见 *https://github.com/devops-with-openshift/ose-jolokia-demo*）。

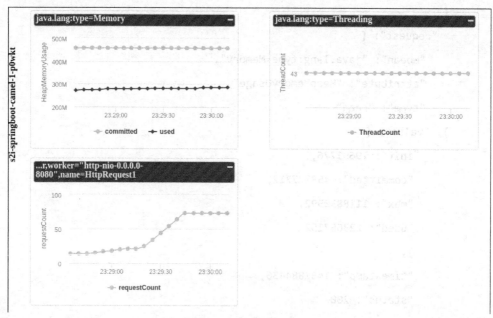

图 7-13 自定义监控表

总结

在本章中,我们讨论了 OpenShift 平台的通用应用程序操作特性。集成的日志和监控是突破应用程序问题时的第一道防线。通过为你的项目指定资源限制和配额,OpenShift 可以有效地调度跨集群的容器,为你的业务提供更高的资源利用率。

更多关于应用程序指标和监控的详细信息,请参阅:

- Hawkular APM：*https://hawkular.gitbooks.io/hawkular-apm-user-guide*。
- Hawkular Openshift Agent：*https://github.com/hawkular/hawkular-openshift-agent*。
- Prometheus：*https://prometheus.io*。
- Jolokia 文档：*https://jolokia.org/documentation.html*。

后　　记

希望你已经发现了本书的特色，并知道了如何通过 OpenShift 构建一套自动化 DevOps 管理平台；因为仅仅是 OpenShift 就覆盖了太多的东西，所以我们着重介绍了平台的一些原生的、关键的功能。

当你部署自己的环境时，毫无疑问，OpenShift 将与其他工具集成，共同构建企业组织范围的自动化运维平台；而且，OpenShift 与框架无关，支持多种语言。但是，在实际使用时，你可能会考虑特定的语言或者框架。

OpenShift 是一个充满活力的开源社区项目，因此，它与其他 DevOps 工具相得益彰，尤其是与那些同样是开源的工具相得益彰。OpenShift Commons (*https://commons.openshift.org/*) 是一个自由、开放，用来交流思想的地方。fabric8 (*https://fabric8.io/*) 项目正在为云原生和微服务应用构建一个集成的端到端开发平台。

涵盖范围

我们鼓励大家定期登录 OpenShift 社区，了解你关注的最新动态。现在让我们回顾一下本书中所涵盖的内容：

- DevOps 作为价值交付，对于软件交付流程中所有技能组合的参与者来说，

DevOps 自动化相关工具很重要。
- 搭建本地 OpenShift 集群，从而为你提供完整的开发和运维管理权限，试验和测试 OpenShift 功能。
- 使用 OpenShift 进行云原生应用部署（如滚动更新，A/B 测试，蓝绿部署等），包括对部署配置触发器和生命周期挂钩的说明。
- 涵盖 OpenShift 对 Jenkins 的本地支持，包括如何实现持续集成管道的示例，以及如何使用 Git 仓库的 webhook 和相关技术集成到第三方 CI/CD 自动化工具链。
- 配置管理的不同方法，包括如何使用配置映射、标签、注释及 API。
- 源码构建镜像功能，方便你构建自己的自定义镜像。
- 容器视角下的应用程序管理功能，包括日志聚合、监控和配额管理。
- 最后，通过 12 要素方法总结了 OpenShift 特性。

结束语

使用 OpenShift，我们正在努力帮助每个人做出非凡的事情，让所有参与者安全、轻松地协同工作，快速提供可以为用户带来真正改变的优秀软件。

OpenShift 正在不断创新，吸收社区用户和贡献者反馈的合理意见。期望随着时间的推移，OpenShift 容器管理平台所涵盖的使用案例能够得到扩展。在容器和业务流程开源社区中将会看到越来越多的工具，服务和框架将成为关注该平台的重点。

访问 OpenShift 网站和博客，了解最新的功能。如果你有建议或希望为平台提供反馈，请通过网站项目中列出的反馈渠道与我们联系。接下来，让我们开始编码吧！

附录 A
OpenShift 和 12 要素

12 要素的英文为 12 Factor App，意为应用程序 12 要素，简称 12 要素。它是一套指导应用开发者构建云原生应用的方法论，规范了云原生应用开发中的 12 个要素。最初的贡献者参与过数以百计的应用程序的开发和部署，并通过 Heroku 平台间接验证了数十万应用程序的开发、运作及扩展的过程。

我们强烈建议读者熟悉这 12 要素，并在实施其应用时将其作为指导。这 12 要素的详细描述详见 *https://12factor.net*。具体如下。

1. 基准代码

一份基准代码，多份部署。

2. 依赖

显式声明依赖关系。

3. 配置

在环境中存储配置。

4. 后端服务

把后端服务当作附加资源。

5. 构建、发布、运行

严格分离构建和运行步骤。

6. 进程

以一个或多个无状态进程运行应用。

7. 端口绑定

通过端口绑定暴露服务。

8. 并发

通过进程模型进行扩展。

9. 易处理

快速启动和正常终止，可使程序健壮。

10. 开发环境与线上环境一致

尽可能保持开发、预发布环境与线上环境相同。

11. 日志

把日志当作事件流。

12. 管理进程

后台管理任务当作一次性进程运行。

扩展上述列表，还可以包含以下要素。

安全：DevOps 允许团队无缝协作，使用防御系统方法有效降低风险。

本附录的目的是浏览每个要素，并且看他们如何结合 OpenShift 容器管理平台来做应用开发。

基准代码

我们往往在一个代码版本控制系统中跟踪这 12 要素，基础代码可以放在任何单点仓库（如 SVN）上，也可以放在分布式的版本控制仓库（如 Git）中，只要有提交即可。

使用 OpenShift 构建镜像符合这条规则。当在 OpenShift 中执行源码构建的时候，平台将从单个代码仓库中拉取代码，并使用代码构建镜像；当使用源码策略构建镜像的时候，也可以指定分支或者标签。每一个容器应用只有一份基础代码，复杂的分布式系统包含多个应用，每个应用有他们自己的基准代码，最终结果就是构建多个容器镜像。

与此规则相反，还可以指定上下文目录以提取特定代码，这可用于灵活迁移现有代码库到 OpenShift。

每个开发者都可以复制他们自己的基准代码，在 OpenShift 项目中部署并且运行；在所有的部署和协作共享过程中，代码仓库是相同的，尽管可以在整个软件交付生命周期中分阶段提交。

参考第 4 章和第 6 章获取更多信息。

依赖

12 要素应用程序从来不依赖系统范围的隐式存在。

在 OpenShift 中，应用通过不可变镜像部署，这些镜像通过镜像构建生成。构建好的镜像包含应用运行的所有依赖，容器的设计符合这条规则。

镜像一旦创建，在运行时将新软件和软件包添加到已部署的容器中被认为是一种反模式，虽然可以这样做，但是在重新部署或者重新启动容器时，容器将恢复为不可变镜像状态。

在镜像构建过程中，可以通过多种方式显式添加应用程序所依赖的软件包：

- 使用相关工具在源代码级别进行声明性依赖关系管理（例如，Maven，Ruby Gems，Pip）。
- 使用包含所需依赖的自定义基础镜像构建。
- 当使用 OpenShift 源码策略构建的时候，在构建配置中指定自定义的 Dockerfile。

参考第 6 章获取更多信息。

配置

应用程序有时候会将配置作为常量存储在代码中，这违反了 12 要素规则。12 要素严格要求代码和配置分离。配置在不同的部署中差异很大，但代码却可以是一样的。

通常，将所有依赖于环境的信息（如 properties 文件）打包到一个不可变镜像中被认为是违反常规模式的，虽然我们没有严格阻止开发人员这样做，但是如果使用配置管理机制，可以更好地将配置和代码分离。

如第 5 章所述，OpenShift 有许多机制，通过这些机制可以在部署阶段管理应用程序配置，并将其注入容器（例如，Secret、配置映射和环境变量等）。

但是，我们建议的一个改进是避免将敏感信息放入环境变量中，因为它们可能在 OpenShift 控制台上可见。使用 Secret 是处理这种信息更合适的机制。

参考第 5 章获取更多信息。

后端服务

"12 要素应用程序的代码不区分本地服务和第三方服务……。后端服务都是资源。"

Kubernetes 中的 service 和 endpoint 是抽象本地或第三方服务的最佳方法。服务可以由在平台上运行的 Pod 支持，也可以指向其他平台外资源，例如数据库。服务在平台内有可解析的 DNS，因此可以通过域名轻松发现它们。服务在运行时可以动态更新，例如，当 Pod 在自动扩缩时被加载，或者在软件更新时被替换，抑或在节点维护时被驱逐到另外一个 Node。

参考第 5 章和第 3 章获取更多信息。

构建、发布、运行

"12 要素应用程序在构建、发布和运行阶段严格分离。"在 OpenShift 中，构建阶段是组装所有应用程序源文件，构建应用程序容器镜像并将结果镜像推送到 OpenShift 镜像仓库的过程。

发布阶段是基于 OpenShift 部署配置中已配置的镜像更改触发器或通过 CLI 或 Web 控制台手动执行部署来触发新部署。部署配置可以从 OpenShift 镜像仓库中接收到有关添加的新镜像或镜像版本更改的通知，并根据这些更改执行 Pod 的部署或重新部署。

OpenShift 部署策略还可以处理在发生错误时将 Pod 回滚到上一版本，也可处理部署过程的开始、中间或结束时执行操作的脚本。

运行阶段由底层 Kubernetes 调度程序处理，该调度程序调度 Pod 在节点上运行。一旦被调度，该节点使用底层容器机制（如 Docker）执行 Pod 内包含的所有镜像。

为确保流量在程序完全启动之前不能被发送到容器，可以准备探针来检查应用程序的状态。只有探针探测成功后，才能将流量转发到容器。

OpenShift 中的管道机制允许团队在构建和运行阶段自动执行任务。管道故障可以由相应的团队快速修复。可以集成不同的通信渠道（如网络、聊天或电子邮件）。也可以实现复杂的流程，包括特定场景的手动审批，通过团队自动化部署、测试持续关闭反馈，随后更快、更高质量地将软件发布到生产中。

参考第 4、6 章获取更多信息。

进程

"12 要素应用程序是无状态的，并且是单进程的。"

通常，OpenShift Pod 包含正在运行的应用程序的单个实例。基于 OpenShift 命名空间，多个容器实例除了网络地址空间之外不共享任何内容。在 OpenShift 上运行的 Pod 中的存储是临时的。例如，当 Pod 被销毁时，写入 Pod 上的任何数据都将丢失。

但是，在将应用部署到 OpenShift 之前，可能无法重写或修改现有应用程序以转变为无状态、无共享的体系结构。不过 OpenShift 有许多机制可以帮助运行有状态的基于容器的应用程序。

会话保持

"OpenShift 路由器支持 HTTP 会话保持。"

即使共享 HTTP 会话违反了 12 要素规则，但如果你愿意，也可以在 OpenShift 中实现它们。OpenShift 支持部署 JBoss Data Grid 以提供多节点可扩展分布式缓存服务。如果底层 Web 框架（例如，JBoss EAP，Spring Cache 等）支持，也可用于存储大型数据集及 HTTP 会话数据。

存储

OpenShift 支持将共享存储挂载到 Pod 上，并在重新启动 Pod 时将该存储重新挂载到 Pod 上。这是通过持久卷和持久卷声明来完成的。在撰写本文时，OpenShift 支持以下文件卷类型：

- NFS；
- HostPath；
- GlusterFS；
- Ceph RBD；
- OpenStack Cinder；
- AWS Elastic Block Store (EBS)；
- GCE Persistent Disk；
- iSCSI；
- Fibre Channel。

开发环境与线上环境一致

"12 要素应用程序旨在通过缩小开发和生产环境的差距来实现持续部署。"

OpenShift 代表了一种平台方法，允许你的组织重新组织软件产品的交付，这些团队可以跨领域、针对不同的关注点（例如，开发、测试、数据库、运营、安全性、业务分析），以最合理的方式保持一致。例如，它们可以与组织内的单个业务线保持一致。

通过部署策略和管道，你可以配置 OpenShift 以自动交付基于容器的应用程序，从而最大限度地缩短开发时间。

作为一个容器管理平台，OpenShift 消除并简化了许多传统的基础设施配置事件，这些事件通常发生在软件交付过程中。此类配置事件通常会降低速度，增加阻力，使环境变得异质和脆弱。

这些元素汇集在一起，可以灵活地确定资源的优先级和部署，确保软件快速通过质量把控。

日志

"12 要素应用程序从不关心其输出流去了哪里，或者存储在哪里。"

OpenShift 作为容器管理平台提供了"日志服务"。容器应用程序日志使用 STDOUT 和 STDERR 输出。在 OpenShift 中，Docker 配置使用 systemd-journal 日志系统。Docker 日志驱动程序直接从容器的标准输出中读取日志。

这意味着你不需要在应用程序中配置特定的日志文件和目录。使用 *fluentd* 将日志流式的传输到适当的日志分析系统。默认情况下，这是基于 OpenShift 中的 Elasticsearch 和 Kibana，也可以是外部日志聚合器系统，如 Datadog, Splunk 或

Hadoop/Hive。

OpenShift 中的日志服务集成 RBAC 权限系统，因此你只能查看有权访问的应用程序的日志。可以持续保留和管理索引，以防止存储耗尽。OpenShift 聚合容器日志设计遵循此 12 要素应用程序规则，并将其用途扩展到操作平台上。

参考第 7 章获取更多信息。

管理进程

"将管理任务作为一次性进程。"

OpenShift 包装了 shell 和为所有容器提供安全的 read-eval-print-loop（REPL）shell 访问库。你可以使用 OpenShift API 或者 shell 控制台来访问容器，它被集成到 Pod →Terminal 下的 web-ui 中，或者使用 `oc rsh` 从命令行中访问。如果需要，群集管理员可以禁止终端访问。

在 OpenShift 中，可以将部署挂钩用于 Pod 生命周期的多个阶段，通过运行脚本，可以实现数据库迁移等一次性任务。其实 OpenShift 在编写时偏离了这个规则，因为容器是不可变的。应用程序的一次性进程应通过从众所周知的源代码版本重建和重新部署容器镜像，或使用环境变量、Secret 和配置映射更新应用的配置来进行交互。OpenShift 中集成的管道功能，可以发布代码变化，允许团队通过软件定义的生命周期来构建镜像和管理配置。

安全

最初的 12 要素没有提到应用程序安全性。安全性是跨越多层次方法的主题。OpenShift 不强制应用程序开发人员采用任何安全方法，他们可以自由选择适合他们需求的方法。但是，OpenShift 确实为容器安全提供了一种分层方法，并且在平台级别实施。以下是 OpenShift 中可用的安全设施的不完整列表：

- 红帽企业级 Linux 提供了 SELinux、内核 Namespaces，以及 CGroup 和 Seccomp 安全设施。
- 安全的私有镜像仓库，以及第三方镜像仓库的黑名单、白名单机制。
- 镜像签名和镜像扫描。
- 通过安全上下文约束来保护和管理容器部署、Pod 级别权限，默认情况下阻止 root 访问。
- 通过多租户插件实现网络隔离。
- 使用基于角色的访问控制来保护 API、控制台和 Web。支持集成到多个后端（例如，LDAP，OAuth 等）。

总结

我们在此列出了云原生应用程序的经典"12 要素"，并演示了这些要素与 OpenShift 的关系。虽然这是一种以技术为中心的观点，但是，技术和组织文化相辅相成。通过 OpenShift，我们正在努力强化协作文化。

为了变革可持续，自下而上的基础设施需要与自上而下的管理匹配。让软件部署更快、更便宜，给开发者积极的影响；组织、人员和文化的问题也必须受到更多的关注。

读者调查表

尊敬的读者：

　　自电子工业出版社工业技术分社开展读者调查活动以来，收到来自全国各地众多读者的积极反馈，他们除了褒奖我们所出版图书的优点外，也很客观地指出需要改进的地方。读者对我们工作的支持与关爱，将促进我们为你提供更优秀的图书。你可以填写下表寄给我们（北京市丰台区金家村 288#华信大厦电子工业出版社工业技术分社　邮编：100036），也可以给我们电话，反馈你的建议。我们将从中评出热心读者若干名，赠送我们出版的图书。谢谢你对我们工作的支持！

姓名：_____　　　　　　　　　　性别：□男　□女

年龄：_____　　　　　　　　　　职业：_____

电话（手机）：_____　　　　　　E-mail：_____

传真：_____　　　　　　　　　　通信地址：_____

邮编：_____

1．影响你购买同类图书因素（可多选）：

□封面封底　　□价格　　□内容提要、前言和目录

□书评广告　　□出版社名声

□作者名声　　□正文内容　　□其他_____

2．你对本图书的满意度：

从技术角度	□很满意	□比较满意	
	□一般	□较不满意	□不满意
从文字角度	□很满意	□比较满意	□一般
	□较不满意	□不满意	
从排版、封面设计角度	□很满意	□比较满意	
	□一般	□较不满意	□不满意

3．你选购了我们哪些图书？主要用途？

4．你最喜欢我们出版的哪本图书？请说明理由。

5．目前教学你使用的是哪本教材？（请说明书名、作者、出版年、定价、出版社），有何优缺点？

6．你的相关专业领域中所涉及的新专业、新技术包括：

7．你感兴趣或希望增加的图书选题有：

8．你所教课程主要参考书？请说明书名、作者、出版年、定价、出版社。

邮寄地址：北京市丰台区金家村288#华信大厦电子工业出版社工业技术分社　邮编：100036
电　　话：010-88254479　E-mail：lzhmails@phei.com.cn　　微信ID：lzhairs
联　系　人：刘志红

电子工业出版社编著书籍推荐表

姓名		性别		出生年月		职称/职务	
单位							
专业				E-mail			
通信地址							
联系电话				研究方向及教学科目			
个人简历（毕业院校、专业、从事过的以及正在从事的项目、发表过的论文）							
你近期的写作计划：							
你推荐的国外原版图书：							
你认为目前市场上最缺乏的图书及类型：							

邮寄地址：北京市丰台区金家村288#华信大厦电子工业出版社工业技术分社　邮编：100036
电　　话：010-88254479　E-mail：lzhmails@phei.com.cn　微信ID：lzhairs
联 系 人：刘志红

反侵权盗版声明

电子工业出版社依法对本作品享有专有出版权。任何未经权利人书面许可，复制、销售或通过信息网络传播本作品的行为；歪曲、篡改、剽窃本作品的行为，均违反《中华人民共和国著作权法》，其行为人应承担相应的民事责任和行政责任，构成犯罪的，将被依法追究刑事责任。

为了维护市场秩序，保护权利人的合法权益，我社将依法查处和打击侵权盗版的单位和个人。欢迎社会各界人士积极举报侵权盗版行为，本社将奖励举报有功人员，并保证举报人的信息不被泄露。

举报电话：（010）88254396；（010）88258888

传　　真：（010）88254397

E-mail：　　dbqq@phei.com.cn

通信地址：北京市万寿路173信箱
　　　　　电子工业出版社总编办公室

邮　　编：100036